U0367070

国际精神分析协会《当代弗洛伊德：转折点与重要议题》系列

论弗洛伊德的《移情之爱的观察》

On Freud's "Observations on Transference-Love"

（美）埃塞尔·S.珀森（Ethel Spector Person）
（阿根廷）艾本·哈格林（Aiban Hagelin）　著
（英）彼得·冯纳吉（Peter Fonagy）

闪小春　译

全国百佳图书出版单位
化学工业出版社
·北京·

On Freud's "Observations on Transference-Love" by Ethel Spector Person, Aiban Hagelin and Peter Fonagy
ISBN 978-1-78220-086-4

北京市版权局著作权合同登记号：01-2017-5842

图书在版编目（CIP）数据

论弗洛伊德的《移情之爱的观察》/（美）埃塞尔·S. 珀森（Ethel S. Person），（阿根廷）艾本·哈格林（Aiban Hagelin），（英）彼得·冯纳吉（Peter Fonagy）著；闪小春译. —北京：化学工业出版社，2018.6（2021.11 重印）
（国际精神分析协会《当代弗洛伊德：转折点与重要议题》系列）
书名原文：On Freud's "Observations on Transference-Love"
ISBN 978-7-122-31931-9

Ⅰ.①论… Ⅱ.①埃…②艾…③彼…④闪… Ⅲ.①弗洛伊德（Freud, Sigmmund 1856-1939）-精神分析-研究 Ⅳ.①B84-065

中国版本图书馆 CIP 数据核字（2018）第 073788 号

责任编辑：赵玉欣　王新辉　　　装帧设计：关　飞
责任校对：吴　静

出版发行：化学工业出版社（北京市东城区青年湖南街 13 号　邮政编码 100011）
印　　装：北京建宏印刷有限公司
710mm×1000mm　1/16　印张 11¾　字数 176 千字　2021 年 11 月北京第 1 版第 4 次印刷

购书咨询：010-64518888　　　售后服务：010-64518899
网　　址：http://www.cip.com.cn
凡购买本书，如有缺损质量问题，本社销售中心负责调换。

定　　价：59.80 元　

中文版推荐序

PREFACE

这套书的出版是一个了不起的创意。发起者是精神分析领域里领袖级的人物，参与写作者是建树不凡的专家。在探索人类精神世界的旅途上，这些人一起做这样一件事情本身，就是一个奇迹。

每本书都按照一个格式：先是弗洛伊德的一篇论文，然后各领域的专家发表自己的看法。弗洛伊德的论文都是近百年前写的，在这个期间，伴随科学技术的日新月异，人类对自己的探索也取得了卓越成就，这些成就，体现在一篇篇对弗洛伊德的继承、批判和补充的论文中。

如果细读这些新的论文，就会发现两个特点：一是它们都没有超越弗洛伊德论文的大体框架，谈自恋的仍然在谈自恋，谈创造性的仍然在谈创造性；二是新论文都在试图发掘弗洛伊德的理论在新时代的新应用。这两个特点，都反映了弗洛伊德的某种不可超越性。

紧接着就有一个问题，弗洛伊德的不可超越性究竟是什么。当然不可超越有点绝对了，理论上并不成立，所以我们把这个问题改为，弗洛伊德难以超越的究竟是什么。答案也许有很多种，我的回答是：弗洛伊德的无与伦比的直觉。

大致说来，探索人的内心世界有三个工具。第一个工具是使用先进的科学仪器，了解大脑的结构和生化反应过程。在这个方向，最近几年形成了一门新型的学科，即神经精神分析。弗洛伊德曾经走过这个方向，他研究过鱼类的神经系统，但那时总体科技水平太低下，不足以用以研究复杂如大脑的对象。

第二个工具是统计学，即通过实证研究的大数据，获得关于人的心理规律的结论。各种心理测量的正常值范围，就是这样得出的。目前绝大部分心理学学术期刊的绝大部分论文，都是这个方向的研究成果展示。同样的，在弗洛伊德时代，这个工具还不完备。

第三个工具，也是最古老的工具，即人的直觉。直觉无关科技水平的高低，而关乎个人天赋。斯宾诺莎说，直觉是最高的知识，从探索的角度说，它也是最好的工具。弗洛伊德的直觉，有惊天地泣鬼神的魔力；他凭借直觉得出的那些结论，一次次冲击着人类传统的对人性的看法。

我尝试用弗洛伊德创建的理论，解释直觉到底是什么。直觉或许是力比多和攻击性极少压抑的状态，它们几无耗损地向被探索的客体投注；从关系角度来说，直觉的使用者既能跟被探索者融为一体，又能抽离而构建出旁观者的“清楚”；直觉还可能是一种全无自恋的状态，它把被探索者全息地呈现在眼前，不对其加以任何自恋性的修正，或者换句话说，直觉“允许”其探索的对象保持其真实面孔。这些特征一出来，我们就知道要保持敏锐而精确的直觉是多么不容易。

精神分析建立在弗洛伊德靠直觉得出的一些对人性的看法基础上。让人觉得吊诡的是，很多人在使用精神分析时，却是反直觉的。他们从理论到理论，从一个局部到另外一个局部，这显然是在防御使用直觉之后可能产生的焦虑：自身压抑的情感被唤起的焦虑，以及面对病人整体（直觉探索的对象是呈整体性的）而可能出现的失控的焦虑（整体过于巨大难以控制）。在纯粹使用分析方法的治疗师眼里，病人只是一堆零散的功能“器官”。所以，我经常对我的学生强调两点：一是在你分析之前、分析之后甚至分析之中，都别忘了使用你的直觉，来整体地理解病人的内心；二是把“人之常情”作为你做出一切判断的最高标准。后者其实也是在说直觉，因为何为“人之常情”，也是使用直觉后才得出的结论。

本丛书的编撰者精心挑选了弗洛伊德的五篇论文。这些论文所论述的问题，对我们身处的新时代应该也有重要意义。弗洛伊德曾经说，自从精神分析诞生之后，父母打孩子就不再有任何道理。在《一个被打的小孩》一文中，详尽描述了被打孩子的内心变化，相信任何读过并理解了弗洛伊德的观点的人，会放下自己举起的手。遗憾的是，在我们的文化土壤上，在精神分析诞生了 118 年（以《释梦》出版为标志）后的今天，仍然有人把“棍棒底下出孝子”视为育儿圭臬。

《创造性作家与白日梦》论述了创造性。目前的大背景是，中国制造正在转型为中国创造，这俨然已是国家战略最重要的一部分。但是，与此相关的很多方面都没有跟上来。弗洛伊德，以及该论文的评论者会告诉我们，我们实现国家梦想需要在何处着力。

在《群体心理学与自我分析》中，弗洛伊德论述了群体中的个体智力下降、情绪处于支配地位、容易见诸行动等“原始部落”特征，明眼人一看就知道，对这些特征的警惕，事关社会基本安全。

《论自恋》把我们带到了一个人类心灵的新的开阔地，后继者们在这片土地上建树颇丰。病理性自恋向外投射，便形成了千奇百怪的人际关系和社会现象。理解它们，有利于建构更加适宜子孙后代居住的精神家园。

《移情之爱的观察》，讲述了一个常见的临床问题，但又不仅仅是一个临床问题。它相当靠近终极问题，即一个人如何觉察和摆脱过去的限定，更充分地以此身此口此意活在此时此地。

在本书众多的作者中，我看到了一个熟悉的名字：哈罗德·布卢姆（Harold Blum）教授。他 1997 年到武汉旅游，参观了中德心理医院，到我家做客，我还安排了一个医生陪他去宜昌看三峡大坝。一直到 9·11 事件前后，我们都偶有电子邮件联系，再后来就“相忘江湖”了。专业人员不是相遇在现实，就是相遇在书中，这是交流正在发生的好现象，毕竟，真正的创造，只会发生在不同大脑的碰撞之中。

希望中国的精神科医生都读读这本书。我从不反对药物治疗，但我反对随意使用药物。医生们读了本书就会知道，理解病人所带来的美感，比使用药物所获得的控制感，更人性也更有疗愈价值，当然也更符合医患双方的利益。一个美好的社会不是建立在化学对大脑的改变上，而是建立在“因为懂得所以慈悲”的基础上。

稍改动一位智者的话作为结尾：症状不是一个待解决的问题，而是一个正在展开的谜。

曾奇峰

2018 年 5 月 31 日于洛阳

前言

FOREWORD

《论弗洛伊德的〈移情之爱的观察〉》是国际精神分析协会（IPA）《当代弗洛伊德：转折点与重要议题》系列中的一个重要分册。本系列是由当时时任国际精神分析协会主席的罗伯特·S. 沃勒斯坦（Robert S. Wallerstein）组织发起的，目的在于促进精神分析不同领域间的交流。

本系列的每个分册都采用统一的写作方法：开篇先呈现弗洛伊德的经典文本，然后由杰出的精神分析学者和理论家对该文本进行讨论。每位讨论者首先概述弗洛伊德原文本的重要贡献和深远影响，澄清其中不明确的概念，然后也是最重要的，讨论者会以他们自己的教学或思考方式整理出弗洛伊德原文本中的重要思想与当代议题之间的发展脉络。老实说，这是一项艰巨的任务。尽管任务艰巨，但是当我们得知这个系列中的有些分册已经在世界范围内成为教学辅导书时，仍倍感欣慰。希望每位读者都能够深入思考这些议题，并希望借此书与国际上杰出的精神分析师们进行深入的对话。

按照惯例，弗洛伊德的文本及参与评论的作者是由国际精神分析协会出版委员会选定的。在遴选的过程中，我们参考了大量顾问委员会的建议和国际精神分析协会主席约瑟夫·桑德勒（Joseph Sandler）的意见。现任出版委员会由主席埃塞尔·S. 珀森、艾本·哈格林和彼得·冯纳吉组成，他们在此对顾问委员会所提供的建议深表感谢；多谢各位参与评论的作者的积极努力和无私投入本项目方能成功运转，基于既往的经验，我们有理由相信该分册也会取得佳绩。

特别感谢国际精神分析协会行政主管瓦莱丽·塔夫内尔（Valerie Tufnell）及出版管理专员贾尼丝·艾哈迈德（Janice Ahmed），她们做了大量细致的统筹工作，并一直耐心和善意地协助我们处理各种困难。同时也要向埃塞尔·S. 珀森博士的行政助理杰西卡·贝恩（Jessica Bayne）致意，她协助我们催稿和管理进程，此书才得以按时出版。特别值得一提的是，耶鲁大学出版社的编辑格拉迪斯·普基斯（Gladys Topkis）和她的同事们非常优秀、工作勤奋、经验丰富。在此系列书出版的过程中，她们的编辑团队展示了极高的品质，是她们的耐心、恒心和爱心让这些书能够呈现给大家，在此我们对他们深表感谢。

埃塞尔·S. 珀森

艾本·哈格林[1]

彼得·冯纳吉[2]

---

[1] 艾本·哈格林是阿根廷精神分析协会的培训分析师和培训督导师，是国际精神分析协会执行委员会在拉美区的前副秘书长。他也是国际精神分析协会出版委员会的副主席。

[2] 彼得·冯纳吉是伦敦大学的“纪念弗洛伊德”精神分析教授，也是伦敦大学学报精神分析版块的合作主编。他同时担任国际精神分析协会出版委员会的财务和副主席，也是安娜·弗洛伊德中心的研究协调人。

目 录

CONTENTS

导论

埃塞尔·S. 珀森[1]（Ethel Spector Person）

[1] 埃塞尔·S. 珀森是哥伦比亚大学精神分析培训和研究中心的培训分析师和培训督导师。她也是国际精神分析协会出版委员会的主席。

今天，随着精神分析体系建设的日益完善，以及精神分析理论与传闻的普及，许多人相信来访者“应该会”爱上他们的分析师。尽管这确实比较常见，但原因至今不明。

弗洛伊德是第一位描述移情之爱（transference love）的人，他将移情在发展周期中的早期形式及其在精神分析过程中的意义理论化，并首次把移情之爱与现实之爱联系起来。但对情欲性移情（erotic transference）的了解，并不是一蹴而就的，即使弗洛伊德本人也是如此。第一个让弗洛伊德对移情之爱产生兴趣的是他的老师兼同事约瑟夫·布洛伊尔（Joseph Breuer）对安娜·欧的治疗，这个案例也是布洛伊尔告知弗洛伊德的。尽管二人是在1882年讨论了这个个案，但直到1915年，弗洛伊德才逐渐地察觉到它的重要性，因而方能将他的洞察具体化为这篇论文《移情之爱的观察》（*Observations on Transference-Love*）。

“谈话治疗”（talking cure）是精神分析的前身，它或多或少是从安娜·欧的治疗过程中意外发展出来的。安娜·欧是一位有着许多歇斯底里症状的女性，她开创了一种类似自由联想的过程，在这个过程中每当她说出了一个症状的起源，这个症状就神奇地消失了，她把这个进程称为“扫烟囱”。在她的治疗结案时，发生了一件十分戏剧化的事，这最终迂回地导致了移情概念的形成，特别是情欲性移情及其对病人和医生双方的风险。

关于这一个案的结束，一种说法是由布洛伊尔结束的，另一种说法则是由病人自己结束的（见Sulloway，1979，另一版本的说法）。在大家比较熟悉的版本中，布洛伊尔越来越着迷于安娜·欧的治疗，他被认为是忽略了自己的妻子，并最终激起了她的嫉妒。布洛伊尔意识到妻子的不快时为时已晚，他突然终止了对安娜·欧的治疗。没过多久，他就因安娜·欧的癔症性妊娠（hyterical childbirth）而被召回。他使她镇定了下来，并在第二天就带他的妻子去二度蜜月了。弗洛伊德把这个故事写给了自己的妻子玛莎（Martha）。根据琼斯（Jones，1953：225）的说法，玛莎“自己认同了布洛伊尔的妻子，并希望同样的事情千万不要发生在她的身上；对于这一点，弗洛伊德谴责她的虚荣，竟会认为另外一位女性可能会爱上他；弗洛伊德认为‘这种事只会发生在像布洛伊尔那样的人士身上’”。换句话说，弗洛伊德否认了他的病人会爱上他的可能性，然而玛莎似乎靠直觉意识到这个问题的普遍性。弗洛伊德之后才开始认识到，安娜·欧对分析师的反应是一个普遍现象，而不仅仅是个特例。而在第二种说法里，是病人自己强烈要求停止治疗的。但两种说法都提到了一个重要的事实，即无论治疗是如何开始的，它最后是以病人的幻孕（phantom pregnancy）而结束的，并且伴随着她那句赤裸裸的话："现在布洛伊尔医生的孩子要出生了！"（Now Dr. B.'s child is coming）（Sulloway，1979；77）。

然而，在当时，对布洛伊尔或弗洛伊德而言，幻孕并没有成为此个案的显著特征。苏洛威（Sulloway）提出，1932 年弗洛伊德写信给斯蒂凡·茨威格（Stefan Zweig），声称他曾经忘记了所有关于安娜·欧幻孕的事情，直到数十年之后当他写《精神分析运动史》（*History of the Psycho-analytic Movement*）时才回想起来（Sulloway，1979：80）。托马斯·萨兹（Thomas Szasz，1963）注意到，移情之爱可能会让分析师觉得不舒服，他提议说，早期对移情之爱理论的观察或许无可避免地得由爱恋对象以外的其他人来提出。弗洛伊德只是布洛伊尔的合作医生，便因太过靠近移情之爱而感到不快，以至于他在回忆时遗忘了关于安娜·欧治疗的创伤性结尾中的一些特殊内容。弗洛伊德花了一些时间才领会到玛莎立即察觉到的事物：正是治疗情境促使了情欲性情感的产生，对病人如此，对分析师这方也是如此。弗洛伊德对移情之爱现象的洞察，得益于他对此类治疗情境衍生出情欲性情感的个案的进一步了解：他从一些精神分析师，有时也从他的病人那边听到了一些信息，包括至少一到两件将病人-医生情感付诸行动的案例，加上他察觉到自己对一位病人的情欲性情感（根据我们的一些作者所记录下来的事件）。只有在连续暴露在移情之爱的现象之后，弗洛伊德才开始重新诠释安娜·欧的案例。弗洛伊德当时对移情之爱的普遍性的可能性的缓慢觉察，也许意味着在某种程度上，他当时正面临着一些权力与威胁的议题，而且这些问题至今仍持续存在。

1915 年，弗洛伊德将他对这种现象的洞察写成了《移情之爱的观察》一文，这是他在 1911～1915 年之间发表的关于技术的六篇短文中的最后一篇，他在这篇论文中陈述了一个理论：移情和情欲性移情与现实的“坠入爱河” 状态之间的关系。 弗洛伊德宣称要将他的评论传达给初学者，他选择了一个非常难以处理的案例，在一种划分得相当清楚的情境之下处理移情：在这种情境中，女病人宣称爱上了她的男分析师。 弗洛伊德整理出这种情境的三种可能性结果：永久合法的结合、治疗的中断或者是非法的恋爱关系。 然而，如同弗洛伊德所指出的，还存在着另外一种可能性——一种精神分析特有的方法。 分析师必须要承认，是（精神分析）治疗情境而不是他本人刺激病人去爱上他，也就是说，移情之爱在本质上是无关于个人的。分析师必须要向他的病人强调，她爱上他是“无可脱逃的命运”，是必须被分析的，否则这个治疗就必须结束。

移情之爱的爆发是一种阻抗，当病人被压抑的记忆要被痛苦地揭开时，这种阻抗就可能发生。 弗洛伊德在 1915 年时就相信，情欲性移情主要是一种对治疗的阻碍，并建议分析师向病人说明，她会爱上他只是为了要逃避可能即将发现的痛苦回忆。 作为一种对分析师的告诫，弗洛伊德强调，在分析师这边，不仅只是需要明确“举世皆然的道德标准”，在他看来，更重要的是要节制（abstinence），出于对“真理”（truthfulness）的承诺的“节制”。 病人对爱的渴望既不可以被压抑，也不可以被满足。 分析师必须要将移情之爱视为某种不真实的东西，“那是一种不得不在治疗中经历的，需要回溯到其无意识源头的情境，此情境一定会协助她把所有深埋于性欲生活中的东西都带进她的意识之中，从而处于她的掌控之下”。

弗洛伊德也十分清楚，对病人与分析师而言，他们看待移情的方式是相当不同的。 分析师称为移情的东西，病人常会把它当做真正的爱。 让弗洛伊德挣扎的问题是移情之爱与真实之爱间的衔接，而非它们之间的断裂。诊疗室内所观察到的现象让他发现，移情与浪漫爱情的客体同样都是童年原初客体（original object of childhood）的再版。 对弗洛伊德而言，所有的爱都是一种重复，一种婴儿期反应（infantile reactions）的重复；而移情之爱，则因为某种不太清楚的原因，被重复束缚到一种远超过浪漫爱情的程度。

弗洛伊德对移情之爱与“真实”（real）的爱之间重叠性的洞察，对于理解“爱”而言是相当重要的，但它们也引出了另外一个问题，那就是现实（reality）的本质，虽然这在某种程度上略微离题。论文中首次涉及现实的部分，似乎有点不太切题：它与弗洛伊德的矛盾有关，他既想要呈现病人准确的资料，但又“小心谨慎这一职业义务一直约束着我们……到目前为止，精神分析出版物也是现实生活的一部分，我们面临的是一个无法解决的矛盾”。我将这段看起来几乎离题的评论，视为一个更大问题的预兆，这个问题就是，要去描绘重叠的、矛盾的或不同的现实以及如何去评定或定义单一现实（singular reality）将会变得更加困难，如果有可能做到的话。譬如，弗洛伊德提出一个问题，即移情之爱的“真实”本质：“就好像某个虚构的片段被突然插入的现实所打断一样。”在建议分析师引导病人，让他们知道移情之爱仅是情感的转移（transferential）之后，弗洛伊德回到了“真理和现实与移情之爱”的问题，他质疑：“我们真的能确定，这种在分析治疗里彰显出来的爱不是真实的吗？我想我们已经告诉病人真相了，但并非是不计结果地告诉他们全部的真相。”在这种非常细微的观察中，弗洛伊德提出了现实的本质问题，什么是幻觉，什么是真实，什么造成了差异，这是一个会在本分册数位作者的文章中反复出现的主题。

自弗洛伊德首度描述移情之爱后，数年来精神分析对移情的理解已经逐渐拓展。移情不再被视为一种阻碍，其发展和对其的分析已成为当下精神分析过程的核心。移情分析（transference analysis）显然已经取代梦的分析，成为通往无意识的“康庄大道”。然而，尽管弗洛伊德的论文有其局限性，但他在描述并诠释一些在精神分析情境中正在发生的事实的同时，也开启了许多事关当今理论和技术的困难议题。因此，这是一个起点，我们由此去探索移情的本质，以及后弗洛伊德（post-Freudian）时期对反移情（countertransference）研究的贡献：它探讨了表现出极端的移情之爱的女人们的特殊心理；它提出了一系列的技术律令，有些经受住了时间的考验，有些则被修正；而且它对爱情心理学也有开创性的贡献。这篇论文中隐藏了一个性别差异的假设（也有人认为这是一种性别倾向），截至目前，论文所涉及的都局限于女性病人爱上男性分析师的状况；这篇论文间接地预设了在精神分析情境中对性别角色的讨论。最后，这篇论文明确地把对真理的热爱置于精神分析事业的核心，并同时提出虚拟（virtuality）的本质，以及[我们现在或许可以称之为虚拟现实（virtual reality）]与现实（reality）之间的比较❶。

各位撰稿人对这些主题的讨论远远超过了编辑的预期，他们不仅传达了不同的理论观点，也强调了不同的侧重点，从反移情到发展（developmental），从弗洛伊德原著中范式的转变到浪漫爱情的本质。撰稿者们百花齐放，使用不同的策略来解析弗洛伊德的论文。譬如，撷取当时促进弗洛伊德探索的临床问题，精选出那些在弗洛伊德之前尚未提出或回答的问题，或者是将移情之爱的主题以及移情与反移情的大主题，放置到当代精神分析理论的脉络当中。

弗里德赖希·威尔海姆·艾克霍夫（Friedrich-Wilhelm Eickhoff）讲述到，弗洛伊德的移情之爱一文虽然简短，但“在解释心理冲突（psychical conflict）与直接情绪经验（direct emotional experience）的重要争论中占有重要地位”。在这篇经典的学术力作当中，艾克霍夫将这移情之爱的论文置于一个体系之中，其中包括弗洛伊德在逐渐发展出移情与移情之爱理论的思考过程中所参考的一些资料，包括安娜·欧的案例、弗洛伊德的通信、《金森的格拉迪瓦中的妄想与梦境》（*Delusions and Dreams in Jensen's 'Gradiva'*）、朵拉的案例，以及《记忆、重复与修通》（*Remembering, Repeating and Working Through*）。他提醒我们留意海涅（Heine）的那首鲜为人知的诗《流浪的老鼠》（*The Roving Rats*），弗洛伊德对那些展现极端移情之爱的女人的评论可能就来源于此，他评论她们只能理解“逻辑是汤水，论点是饺子”（the logic of soup，with dumplings for arguments）。

在一个既学术又有趣的附录中，艾克霍夫摘录了弗洛伊德所知的一些病人与分析师恋爱的重要案例（这些恋情有的是合法的，有的是不合法的）[不仅有著名的荣格（Jung）与莎宾娜·斯比尔林（Sabina Spielrein）的案例，也包括了费伦奇（Ferenczi）近期报告的案例，案例中的女性来访者后来

---

❶ 在弗洛伊德的论文中也有一些暗示，爱不能被完全理解为一种被抑制的性本能的升华；因此，本文提出了一个扩大的动机的概念。

成为他的养女]，这些案例充分体现了弗洛伊德撰写移情之爱这篇文章的必要性。他敏锐地陈述了弗洛伊德论文中的主要原则，讨论了中立（neutrality）与节制（abstinence）、解释（interpretation）与满足（gratification）和平息（appeasement）之间的差异，以及弗洛伊德对真理的信奉，最后是爱之移情（love transference）与移情之爱两者之间的差异［有人认为是情欲化移情（eroticized transference）与情欲性移情（erotic transference）之间的差别］。

或许在艾克霍夫对弗洛伊德移情的细致讨论中，最引人入胜的贡献在于，移情是"疾病与真实生活的中间地带（intermediate region），借此可以从一端过渡到另外一端"（《记忆、重复与修通》）。他通过一系列的作品追溯这个概念的影响与演进，包括里奥瓦多（Loewald）的作品（中间地带，是"一种幻觉，一种游戏，它的特定影响取决于其被同时体验为现实和想象的产物"）；温尼科特（Winnicott）的作品［一种"第三空间"（third sphere），即游戏的空间，涵盖了创造性生活与人类的整体文化经验］；艺术史家厄恩斯特·高布瑞克（Ernst Gombrich）的作品（"真理与谎言的中间地带……在其间，我们有意识且自由地让自己臣服于幻觉"）；科胡特（Kohut）的作品（分析情境不是真实的……但它有着特定的现实，某种程度上类似于艺术经验的现实）。艾克霍夫依据这些考量，简明地解释了弗洛伊德给分析师的建议："基于对分析技术的考量，分析师不得对病人的情感做出反馈，这是分析师的义务，需要把这种情境处理为'某种不真实'的东西，在虚拟情境中理解和诠释移情。"

罗伯特·S. 沃勒斯坦的贡献在于他给我们呈现了一个清晰的模型，他对比了移情之爱的论文与弗洛伊德之前的论文《移情的动力学》（*The Dynamics of Transference*，1912），借此说明弗洛伊德对移情持有两种（某种程度上）互相矛盾的态度。一方面，他似乎暗示非常强烈的移情反应是精神分析治疗过程中的人工产物；另一方面，他又将移情视为一种普遍的存在，日常生活中所有的行为与关系都被它塑造。沃勒斯坦指出，这种两分法的观点，是弗洛伊德对二元论偏好的一个体现，这种二元论会与一种更复杂的正常与异常的连续体交替出现，有时候会直接让步给这种连续体的观点［弗洛伊德的二元化倾向，明显地体现在他对移情的分类上，一边是负性移情（negative transference）与情欲性移情，另一边则是“无可争议的”（unobjectionable）正性移情（positive transference），这种二分法经不起时间的考验]。我们已经对移情的概念有了充分的理解，因此所谓无可争议的正性移情的分析（与其他形式的移情一样）也被认为是分析治疗的一部分，通过分析来暴露出潜藏的动力。

不论如何，沃勒斯坦承认，弗洛伊德在移情之爱论文中有以下几个深刻和经得起考验的洞见：①弗洛伊德发现，在治疗环境中情欲性情感的发生率很高，这种情欲唤起会带来技术和道德的危机；②弗洛伊德阐明，对一小部分来访者而言，情欲之爱是一种阻抗，且无法被解决；③弗洛伊德建立了处理这种移情的指导技术——这就是分析师的“节制”以及中立。沃勒斯坦指出，这些对移情之爱的洞见，都是基于地形理论（topographic theory）的框架。后续发展的结构理论（structural theory）则为这些现象提供了一种更加综合的理解，并进一步带来了技术指导的完善。比如，“中立”在地形理论中几乎与节制同义，现在它则指一种职责，分析师要与病人显现的自我（ego）、本我（id）与超我（superego）保持同等距离（equidistant）；而节制则维持它本来的意思，拒绝去满足病人的力比多（libido）与攻击本能（aggressive drive）。特别有用的是沃勒斯坦对以下议题的回顾：他回顾了不同理论家对引发极端情欲性移情（extreme erotic transference）的可能诱因的看法（今天这种移情被称为情欲化移情），以及这些移情被证明为难以处理的原因。在其他的讨论中，他提到了拉帕波特（Rappaport）的看法，拉帕波特强调“这些病人的前俄狄浦斯期的依恋渴望（attachment hunger）”。

罗伊·谢弗（Roy Schafer）认为弗洛伊德的论文虽然简短，但涵盖甚广，他从五个角度来讨论弗洛伊德论文的主要贡献以及“局限性”和“争议”。他写道，弗洛伊德的长处在于他能够通过强调“程度上的差别而非类别上的差别”来“拆除思考的传统疆界”。谢弗在评论这篇文献时指出，从狭义的角度来看，弗洛伊德呈现了移情之爱与真实之爱间的连续体，而以广义的角度来看，他呈现了分析关系与真实生活关系之间的连续体。然而，弗洛伊德认识到了移情之爱与“真实”之爱间的连续体，但他没有预见当代理论对此的构想［如里奥瓦多（Loewald）］：它打开了自体与他人之间新体验的可能性，并因此打开了在精神分析范畴内体验“新的”爱的可能性。显然，阻碍弗洛伊德的洞见发展成逻辑性结论的是，自我心理学（ego psychology）尚未发展起来这一事实；自我心理学让我们可以在保有决定论（determinism）与连续体的同时仍建立一种新的、自主（autonomous）的理论。

谢弗的第二个视角转向情欲性移情的处理。情欲性移情以行动来取代记忆，但同时也是通往无意识的门径。在此，弗洛伊德的理解也同样受到了他作为理论基础的地形理论的限制，因此他过度地强调让无意识变成意识是唯一的疗效因子。

当谢弗在思索着为何弗洛伊德更多地将移情之爱看做阻抗，而不是一种沟通形式时，他把第三个视角转向了反移情。他认为，弗洛伊德的洞察虽然是开创性的，但仍有待发展完善，因为在弗洛伊德写这篇论文的时候，反移情在治疗中的益处尚未被了解。谢弗机智地提出，弗洛伊德对反移情有反移情，这传达出了他的信念：他相信分析师能够以一种完全理性的方式来反应——一种控制与掌控的神话。

弗洛伊德的一部分反移情某种程度上反映了他权威主义的态度。谢弗的第四个视角认为，弗洛伊德有重男轻女的倾向，他给予男人一种主宰的角色，这让他无法平衡地涵盖其他形式的（不同性别）移情之爱。

最后，谢弗的第五个视角转向了他一贯热衷讨论的观点，即从“实证主义、观点主义与叙事”的角度来讨论弗洛伊德的论文。在此，他剖析了克莱茵学派与弗洛伊德学派在解释移情之爱方面的主要差异，通过比较来暗示一种解释学的观点可以给我们“提供传统实证方法所无法获得的知识”。谢弗提出，与物质现实（material reality）和精神现实（psychical reality）并列的，是叙事真理（narrative truth）。

马克斯·赫尔南德斯（Max Hernandez）选择将焦点放在弗洛伊德论文中关于爱、移情、女性性欲以及传统道德的部分。弗洛伊德明确表示：“爱，如同心灵领域里的所有事物，被强迫性重复（compulsion to repeat）所支配。”赫尔南德斯相信对爱的心理本质的了解将有助于抵御反移情。他观察到了一种悖论：在现实生活中，神经症干扰了爱的能力；然而在治疗情境下，爱却干扰了洞察的能力。当移情之爱产生时，热情介入其中。更进一步的悖论是："爱既是分析治疗的驱动力，也是其主要障碍。"

赫尔南德斯也将移情之爱出现的情境视为"一段会影响治疗过程中的幻觉条件的现实"。体验到移情之爱的主体正在经历着一种改变；"主体，也就是说话的那位被分析者，以及'她'所说的那个主题，似乎合二为一了。"赫尔南德斯贴切地将此描述为一种分析空间被缩窄了的情境。但他没有将这个问题视为出现了一种新现实的问题。相反，他看到的是占据情境中心的另一主体，也就是病人传达愿望的那个对象——分析师。对赫尔南德斯而言，将移情视为既是幻觉也是现实的难题，意味着分析师在进行分析的时候必须保持着中庸路线："在分离的诠释学（detached hermeneutics）与分析的现实主义（analytic realism）之间，进退两难。"借此，个体在疾病与真实生活之间重建了一个中间地带，正如弗洛伊德曾在他的论文《记忆、重复与修通》中所提到的那样。当成功完成这一点时，分析师将病人自己与她的话语之间的空间交还给病人。而针对弗洛伊德的性别模式（男性分析师与女性病人），赫尔南德斯提出了他的洞见，他认为这种范例回应了《圣经》上的堕落和夏娃对亚当的诱惑。

贝蒂·约瑟夫（Betty Joseph）一方面肯定了弗洛伊德对移情之爱这一洞察的重要性，同时也提议这种洞察必须要向两个重要方向延伸。首先，她强调要拓展移情之爱的概念，需要包含整个客体关系的移情，即病人进入到与分析师的分析关系中的习惯性的态度与行为。她坚持，"所转移的，不仅只是过去、病人真实经历中的角色，也是一种复杂的内在幻想的角色：它从婴儿早期便已经建立，由真实的经验与婴儿对其的幻想和冲动两者之间的交互作用下建构而成"。她的观点有力地反驳了那些认为"移情只不过是对一个真实情境的早期反应的重复"的还原论立场。

约瑟夫的第二个主要贡献是，她强调移情之爱不能单纯以力比多的观点来理解，我们同时也需要考虑破坏本能（destructive drive）。但是如约瑟夫所指出的那样，弗洛伊德是在写移情之爱之后5年才开始将他对攻击与破坏性的理解理论化。约瑟夫的病例巧妙地呈现了攻击在移情中扮演的角色，其典型缩影便是施虐和受虐的爱。

默顿·吉尔（Merton Gill）在他的文章中，以另一种方向扩展了对移情与移情之爱的讨论。他在弗洛伊德的论文当中看到了两种观点之间的辩证张力——一人心理学（one-person psychology）与二人心理学（two-person psychology）。如吉尔所言："如果被分析者被视为一种作用力与反作用力的封闭系统，那么这种观点便是一个人的心理学。如果分析情境被视为一种两个人之间的关系，这种观点便是两个人的心理学，其中分析师也是这种情境的参与者。" 在吉尔看来，虽然弗洛伊德在两个观点之间摇摆不定，但他强调移情之爱的主要刺激要么来自于病人的内在动力，要么来自于分析情境，但不是分析师这个人。但吉尔不愿意将分析师置之度外，他引用拉克尔（Racker）的话：当分析师将他的名字挂在门上的时候，他已经是分析当中所有发生事件的共犯了。吉尔的观点在于，一个称职的分析立场必须同时考量到一个人和两个人的视角，两者会在既定的时刻相继突显出来。

费迪亚斯·塞西欧（Fidias Cesio）比吉尔更加强调分析师在病人移情之爱的产生中所扮演的角色，他认为"在一个正常操作的分析治疗过程中，它的直接出现是不寻常的"；在他自己的经验里，他只遇到过一个移情之爱的案例，而那发生在他刚刚开始工作的时候。他认为，在安娜·欧的案例中，移情的萌生是源于医生（布洛伊尔）不能分析它——既然分析方法尚未发展完善，这种情形的出现便也不足为奇。塞西欧暗示在所有移情之爱的案例中都有反移情，有些分析师觉得这种看法太绝对了，因为从弗洛伊德开始，许多分析师相信，某些病人因为自身精神病理的影响，几乎将无可避免地出现情欲化移情，无论分析师是谁。然而，没有人会不被塞西欧严谨的研究所打动，他研究了治疗师的无意识可能会如何引导他与病人共谋，并进而引发充分发展的情欲性移情。塞西欧这样表述："'死者的灵魂' 被分析师唤出，开始显现为俄狄浦斯、乱伦、悲剧、移情之爱，如果没有被充足地聆听与解释，治疗将以失败而告终。" 如果分析师无法处理早期移情，很大程度上是因为他自己的"热情——一种原始的、驱力般的情感被这个情境所唤起了"。

塞西欧这篇文章的优点体现在他的隐喻上："移情的戏剧"，为"乱伦的行动化（enactment）提供了舞台，其中，充斥了暴力的乱伦的俄狄浦斯戏剧，开始在分析情境当中建立"。他进一步强调，我们必须要辨别俄狄浦斯悲剧（oedipal tragedy）与俄狄浦斯情结（Oedipus complex）之间的差别，俄狄浦斯悲剧是移情之爱实际化（actualized transference love）的结果。当分析情境中浮现的事物成为现实而不再是虚拟的，分析和分析师都会被摧毁。

乔治·卡内斯特里（Jorge Canestri）将移情之爱的论文与弗洛伊德的一些信件放在一起参照，这些信件揭示了弗洛伊德在谈论情欲之爱时所使用的一种独特语义场（semantic field）。正如卡内斯特里所说，弗洛伊德显然习惯使用"所有关于火"的类比。他举例说明，对于分析情境的改变，弗洛伊德使用的隐喻是："就如同戏剧演出当中有人高喊失火了一样。"卡内斯特里引用了关于火的隐喻的其他例子，他认为，毋庸置疑，弗洛伊德对他的语义选择是有所察觉的，这一点从他写给荣格的一封信件中可以得到佐证。因此，就某部分而言，这篇论文可以被解读为在告诫分析师要抵御反移情的诱惑。"失火的呼喊"这个隐喻有着特别的意义，因为它引起了对想象与现实的区分，这种区分暗示着概念与技术上的差别。卡内斯特里这样描述："火的例子……是有关热情的语义场的一部分。"

在卡内斯特里内容丰富的论文中，相当重要的一点是，他明确陈述，移情之爱像一般的移情一样，在不同的精神分析学派里有不同的理解。但在一点上所有的学派形成了一个共识：他们"全部都认为，在各种各样的分析理论中移情理论是一个精确和基本的判别式"。卡内斯特里给我们提了一个重要的警告——不考虑整体理论的脉络而单看一种理论元素会是一种糟糕的实践。通过引入与力比多对等的攻击理论，弗洛伊德拓展了他的整个理论。个人的理论倾向包括性别差异，均会影响对这些问题的理论化，包括："爱恋的现象是分析情境自身的效果还是源自病人的内在客体世界，只是在分析当中被突显出来"的信念；移情中自恋所扮演的角色；移情的程度，是"真实的""幻觉的""想象的"或"虚构的"；到底移情是"先前的经验、古老的欺骗或爱情的骗局的阴影"，还是分析师与病人的欲望相互纠缠的新产物；治疗联盟（therapeutic alliance）的不同表述与无可争议的正性移情；真理的不同概念；幻想的功能与幻想对象的功能；分析当中的“热情” 与“疯狂” 等。卡内斯特里涉及的范围甚广，他也简略地提及一些理论立场，包括克莱茵、拉康和费伦奇的理论。

土居·健郎（Takeo Doi）在《*Amae* 与移情之爱》（*Amae and Transference Love*）中阐述了完全不同的看法。健郎解释说，*Amae*（类似于撒娇，在中文没有一个完全对等的词）是一个日本的概念，意指一种“纵容的依赖”（indulgent dependency），像是婴儿在寻找母亲时的经历。*Amae* 在成人身上并没有消失，仍旧整合在不同的情绪之中。健郎承认弗洛伊德对移情之爱的描绘是精确的，但他认为“移情之爱的核心” 也许是 *Amae*，若以这样的方式来理解它，分析师在以情欲回应病人时便不那么具有诱惑色彩了。在一次精神分析的交流讨论中，健郎提出，可以在非言语的方式中识别 *Amae*，“在成功的分析治疗中，病人可以明智地认识到自己的 *Amae*，而分析师这方也会承认它”。为了印证他的论点，他摘录了数个艾芙琳·施瓦伯（Evelyne Schwaber）汇报的临床片段，借以描绘分析师对 *Amae* 的敏感度（虽然施瓦伯不是用这样的词来定义这种互动的）。健郎提出一个有趣的看法，他认为弗洛伊德对这个概念（任何人际关系中都相当重要的一个组成要素）的不熟悉，也许可以解释他为什么无法为分析师提供一个可供参考的现实的行动准则。

丹尼尔·斯特恩（Daniel Stern）也将他的注意力放在可能被称为移情之爱的基础的事物上。从发展的观点（developmental perspective）出发，斯特恩聚焦在行动（付诸行动）与回忆之间的差别，同时也对比了过去与现在、移情之爱与正常之爱之间的异同。他得出一个相当重要的结论，即：对弗洛伊德而言，婴儿式的爱恋不单是移情之爱的起源，其形式也与移情之爱相同。斯特恩的论点是，虽然弗洛伊德认为其他的临床现象（如记忆）源自过去，但他没有将记忆现象（remembered phenomenon）视作早期现实的精确再现。当下的记忆从某种程度上而言总是一种重建。另一方面，行动化是对回忆的阻抗，因为它以一种直接复制的方式将过去带到当下：“因此，付诸行动不会经历与记忆相同的一系列（再）建构的转化过程。” 移情之爱是某种奇特的事物，因为它处在回忆与付诸行动的交界之处。如斯特恩所指，弗洛伊德自己从来没有建构出一种爱的发展序列，但他为别人开启了一扇机会的门。

斯特恩进行了一项相当令人惊艳的交互比较，他将母婴两人与两个成年恋人的某些行为相互对照，指出这些行为几乎是相同的，例如，“维持着相当亲密的关系……做出一些特殊的姿势，如亲吻、拥抱、触摸”。他总结道：“这种生命早期和前语言的爱不仅是爱的身体语言的起源，而且这种语言本身便是一种行动。”

斯特恩从外显的行为转向爱的内在心理体验，他将婴儿生命中的主体间性（intersubjectivity）与成年恋人们的亲密关系联系起来。他发现：“婴儿期的‘根源’与‘原型’包含的远不仅是严格意义上所说的客体选择……它们至少还包含爱的身体语言的独特性、主体间分享的广度与深度、彼此创造意义的方式和协商共享意义的需要强度、被选择客体的唯一程度，以及恋爱过程中时间和强度的动力。”这些大部分被标记为动作记忆（motor memory）、程序知识（procedural knowledge）、感觉-运动图示（sensory-motor schemas），是情境性事件而不是象征性事件。考量到这些爱的成分，其中某些绝对不会到达意识层面，斯特恩把爱与移情之爱视为一个连续体，他认为“在移情之爱的情境当中，移情与付诸行动之间的理论界限不是那么明显”。他延续了拉普朗什（Laplanche）与彭塔利斯（Pontalis）的建议，认为弗洛伊德没有成功地清楚区分移情当中的重复现象与付诸行动，或呈现两者的连结。斯特恩总结到，付诸行动也许是一种阻抗，但“精神分析过度地强调了行动与回忆之间的区别，而没有区分不同种类的行动，弗洛伊德也意识到了这一点”。斯特恩建议，在某种程度上，分析师必须要允许这种行动模式的出现，因为这也许是（或存在于）行动表现中唯一的通往回忆的路径。他以一系列重要的理论问题作为结尾，包括一些最重要的问题：记忆是如何被包装起来的、与其他形式的记忆相比动作记忆所扮演的角色是什么、行动与实现之间的区别，以及（或许他的论文当中最重要的一点）移情中的重复（或回忆）与通过行动化的重复这两者之间的基本差异是什么。

这篇简短的导论无法完整地描绘出该分册所呈现的丰富内容。分册里的每一篇论文都展示出了作者的真知灼见，以及埋藏在弗洛伊德简单字句当中的难题，同时，它们也显示出我们在不断演化的领域内的持续探索。还有一个额外的收获（虽然这不是本书原本的意图）是，这些章节进一步揭示了在所有的心理治疗模式中仍然存在的一个主要问题：那就是，情欲化移情和反移情的不幸的、通常是悲剧性的行动化。

参考文献

Jones, E. 1953. *The life and work of Sigmund Freud*. Vol. 1. London: Hogarth. New York: Basic.

Sulloway, F. 1979. *Freud: Biologist of the mind*. New York: Basic.

Szasz, T. 1963. The concept of transference. *Int. J. Psycho-Anal*. 44:432–443.

第一部分

《移情之爱的观察》

(1915)

西格蒙德·弗洛伊德（Sigmund Freud）

每位精神分析的初学者，在诠释病人的联想以及处理压抑的再现时，极可能一开始就会对他们即将面临的那些困难保持一份警惕。不过，当时机成熟的时候，他很快就会明白这些困难并不是最重要的，他们必须面对的唯一真实的、严肃的困难在于移情的处理。

我从一系列的情境里挑选了一个非常容易界定的情境，我挑选它的原因之一在于，这种情境发生得很频繁而且具有重要的现实意义；另一个原因在于它有很大的理论价值。我的脑海中浮现了这样一个案例：一位女性病人对她的精神分析师表现出毋庸置疑的爱意，或公开宣称她已爱上了正在分析她的精神分析师，就像其他正常的女性一般。这个情境有其困难和诙谐的一面，但其中也不乏严肃之处。它由众多复杂的因素所决定，它不可避免，也很难厘清，为了分析技术的需求而要对其进行深入讨论，这已经很有必要了。正如我们嘲笑他人的失败并不意味着我们自己就能避免那些失败一样，迄今我们还未完成这个任务。小心谨慎这一职业义务一直约束着我们——这种谨慎在现实生活中是必不可少的，但在科学研究中却派不上用场。到目前为止，精神分析出版物也是现实生活的一部分，我们面临的是一个无法解决的矛盾。因此，我最近在某方面[1]故意不去理会这种谨慎的要求，想在此展示一下移情情境是如何让精神分析治疗的发展在前十年里停滞不前的。

对于一位受过良好教育的外行来说（对精神分析而言，这是理想的文明人），其他任何事物都是无法与爱比拟的；它一如既往地被书写在一个特殊的页面上，这个页面再容不下其他的文字。如果一位女性病人爱上了她的医生，那么在一个外行看来，似乎只有两种可能的结局：一种结局是各种条件均满足，他们可以有一个永恒的法律意义上的结合，相对来讲这很少发生；另一种相对而言更有可能的结局是，医生与病人分开，并放弃了他们已经开始的原本旨在帮助病人康复的治疗，仿佛治疗已经被某些重大的现象给中断了。当然，还有第三种可能的结局，它甚至可以与继续治疗和谐相处。这就是，他们会进入一种不正当且不会持久的爱情关系。尽管如此，外行人还是

[1] 参见《精神分析运动历史》(*the History of the Psycho-analytic Movement*)（1914d）的第一部分［关于布洛伊尔在安娜·欧案例中遭遇的移情困境（标准版，14&12)］。

会恳求分析师尽可能明确地向他们保证，第三种可能是不会发生的。

显然，精神分析师应该从一个不同的角度来看待这一问题。

让我们来考虑一下第二种可能的结局。病人爱上她的分析师，他们分开了，治疗被放弃了。但很快，因为病情的需要，她要尝试与另一位分析师开始治疗。接下来发生的事情是，她感觉自己也爱上了第二位分析师，而且如果她与第二位分析师也中断了，再度开始治疗的话，那么与第三位分析师之间也会如此，以此类推。这个现象屡见不鲜，众所周知，它是精神分析的理论基础之一，所以我们应该从两个方面来权衡这个现象，也就是从实施分析的医生以及需要分析的病人这两个方面。

对医生而言，这个现象意味着一个有价值的启发和一个对可能会出现在他脑海中的任何反移情倾向的有用的警告❶。他必须要认识到，病人爱上他是被分析情境所诱发的，而并非因为他个人的魅力，所以他没有任何理由为这样的“征服”（分析室外会用的词汇）而感到骄傲。记住这一点非常重要。不过，对病人而言，就会有两个选择：第一个是她必须放弃精神分析治疗，第二个是她必须接受爱上她的分析师是一种无法脱逃的命运❷。

我毫不怀疑病人的亲戚、朋友会明确地选择放弃精神分析治疗，就如同分析师很容易选择第二种一样。但我想这个决定不可以由她的那些温柔的或者自我中心的或者嫉妒的亲友来决定。病人的福祉才是选择的标准，亲人的爱并不能治愈她的神经症。分析师不必强迫自己前进，但他可以坚持认为自己是实现某种目标的不可或缺的一部分。任何对这个问题采取托尔斯泰式态度的亲人，都可以不受困扰地继续拥有他的妻子或女儿，但他不得不接受一个事实：对于患者来说，她的神经症还会持续，她爱人的能力继续受到干扰。毕竟，此情境与妇产科治疗类似。更有甚者，病人嫉妒心重的父亲或丈夫会产生一种严重的误解，他们认为如果让她接受其他的某种治疗，而不是与神经症对战的精神分析的话，病人将不会爱上分析师。相反，不同之处只是在于，这种注定不会被表达、不会被分析的爱，绝不会对病人的康复有所

❶ 弗洛伊德在纽伦堡会议的论文中已经提出了反移情的问题（1910d，标准版，11）。

❷ 我们知道，移情可以以那些没那么温柔的情感显示，但是在此我不建议我们考虑这个问题。

帮助，而精神分析本可以从中提炼出有效的贡献。

据我所知，某些精神分析师经常❶会让病人为情欲性移情的出现做好准备，甚至督促她们“往前走并爱上分析师进而使治疗有所进展”。我很难想象出比这更无意义的行为。分析师这么做会剥夺移情现象中那令人信服的自发性，同时也为自己在未来埋下难以克服的障碍❷。

如果病人在移情中爱上了分析师，乍看之下这种情况当然不会对治疗产生任何帮助。无论她之前如何顺从，但突然之间她丧失了所有对治疗的了解和兴趣，而且她想谈论或听到的只有她的爱情，她也要求分析师如此回应。她放弃了自己的症状，或不再关注它们；确实，她宣称她好了。场景完全改变了，就好像某个虚构的片段突然被插入的现实所打断一样，举个例子，就如同在戏剧演出当中有人高喊失火了一样。任何一位首次经历这种情况的分析师都不会觉得自己可以很容易地掌握分析情境，并且能清醒地排除治疗已经结束的这种幻觉。

我们稍加思考还是可以找到自己的方向的。首先且最为重要的是，我们需要保持一个怀疑：任何干扰治疗持续的事情都可能是一种阻抗的表达❸。毫无疑问，对爱的热切需求的爆发，大多来源于阻抗。一个人可能很早就注意到病人身上有一种喜欢移情的征兆，也能明确地感觉到她的顺从、她对于分析解释的接受、她卓越的理解力以及她所显示出的智商，这些都可归因于她对分析师所持的这种态度。现在这些都消失殆尽了，她变得毫无洞察力，而且似乎要被自己的爱所吞噬了。更有甚者，这个变化相当规律地出现在一个时间点上，那就是当分析师正试着让她承认或记起某个特别艰难且被严重压抑的生命历史片段时。她坠入爱河之中已经很久了，但现在阻抗正开始使用她的爱来阻碍治疗的持续，让她所有的兴趣从治疗中偏离，并把分析师置于一个难堪的境地。

---

❶ “Haufig”德语中的频繁。在第1版中，这里用的词是“很早地”。

❷ 在第1版中，这段（本质上是一个括号）是用小字印刷的。

❸ 弗洛伊德已经在《梦的解析》第1版中更明确地说明了这一点（标准版，1900a：517）。但在1925年，他给这篇文章加上了一个冗长的脚注，解释了它的意义，并限定了他表达自己的相关条件。

如果仔细地审视这个情境，你会发现那些让事情变得更为复杂的动机以及它们的影响，在这些动机中，某些与坠入爱河相关，某些则是阻抗的特别表达。其中第一种是，病人努力地去确认自己的无法抗拒性，要通过把他往下拉到一个情人的位置来摧毁分析师的权威，并获得所有其他附带于爱的满足上的好处。至于阻抗，我们可以怀疑，病人宣称爱上分析师是一种手段，用来考验分析师的严肃性，如果分析师流露出配合的迹象，那么他未来需要面对的处境就可想而知了。毕竟，在我们的印象中，阻抗就像一个密探；阻抗强化了病人坠入爱河的状态，而且夸大了她准备好要做出性臣服的姿态，通过指出这种放荡行为的危险性来印证压抑工作的合理性❶。所有这些额外的动机，可能在一些简单的案例中并不存在，但正如我们所知，阿德勒（Adler）就把这些视为完整过程中必不可少的部分❷。

假设虽然出现了这种情欲性移情，他仍相信治疗应该继续下去并应该泰然处之，那分析师究竟该怎么避免这种情境导致的不幸呢？

对我而言，强调一下举世皆然的道德标准，并坚持认为分析师必须在任何情况下都不能接受或回应病人的柔情，这并非难事：也就是说，他必须考虑在恰当的时候，把社会道德的要求以及克制的必要性摆在那个爱上他的女人面前……而且成功地让她放弃欲望并克服她的动物本能，继续进行分析治疗。

不过，我是不会满足这些期许的——不管是第一个还是第二个。之所以不满足第一个，是因为我的论文并非是为病人而是为了那些有困难的分析师而写的，也因为在这种情形下，我可以追溯到道德处方的源头，即权宜之计。在这种情况下，我很乐意以分析技术的考量来取代道德禁令，并且不会改变任何结果。

不过，我也坚决不去践行我说的第二个期许：在病人承认自己的情欲性移情时，迫使她压抑、放弃或升华她的本能，这不是一种分析式的处理方

---

❶ 参照：pp. 152-3.

❷ 参照：阿德勒，1911：219.

法，而是一种没有意义的行为。那就好像是说，你在使用了一个巧妙的咒语将地底的精灵召唤上来之后，不问他任何问题就又把他送回去一般。某个人可能把压抑的东西带进了意识，但又只能在惊恐之中再次压抑它。我们也不该自欺地认为这样的进展是成功的，正如我们所知，热情很少受到崇高演说的影响。病人只会感觉到耻辱，而且绝不会放弃为此所采取的报复行动。

我不提倡的中间路线在有些人看来是非常明智的。这包括宣称，分析师要回应病人的喜爱，但同时要避免用身体来表达这种爱意，直到医生有一天能把这种关系导入一个比较平静的渠道，并将其提升到一个更高的层级。我反对这个权宜之计的原因是，精神分析的治疗乃是建立在真理之上的。这一事实包含了很大的教育和伦理价值。偏离这个基础是危险的。任何已经精通精神分析技术的人，将不会再使用那些一般医生认为不可避免的谎言或伪装；而且，如果他确实想带着最好的意图尝试那么做的话，他仍极有可能会背叛自己。既然我们严格要求病人真实，那么如果我们让自己偏离真实而这被她们逮个正着的话，我们所有的权威就丧失殆尽了。此外，那些让自己对病人的柔情往前走一小步的实验，也并非是万无一失的。我们对自己的控制也不是完全的，可能突然某一天我们走得会比我们预想的远一些。因此，我认为，我们不该放弃对病人的中立，这一点要通过我们持续检验反移情才能保持。

我已经告诉大家，分析技术要求医生应该拒绝病人渴望爱被满足的需要。治疗必须在节制下进行。在此，我并非单指身体上的节制，但也不是要剥夺病人所有的欲望，因为或许这对一个生病的人来说是难以忍受的。相反，我会说这是一个基本原则，也就是说病人的需要和渴望应该被允许持续存在，这样，它们可以成为推动她接受治疗和做出改变的力量，而且我们必须通过代理人的工作来安抚这些力量。我们所能提供的，除了代理人之外别无其他，病人因为自身的情况无法获得真正的满足，除非她的压抑已被解除。

我们承认，在节制中执行治疗这一基本原则已远远超越了我们考量的单个案例，它需要彻底的讨论，这样我们才可以界定它可能的应用限制[1]。不过现在我们不会这么做，我们还是要尽可能地回到我们的初衷。假设双方都是自由的，如果他以自由之名来回应病人的爱和安抚她对情感的需要，如果医生做出不一样的反应，那么会发生什么呢？

如果分析师认为，他的配合可以确保他对病人的主导，从而影响她去执行治疗所需要的任务，并用这样的方式将她从神经症里永久地解放出来，那么经验将会告诉他，这种预估是大错特错的。病人会达成她的目的，但他绝不会达成他的目的。分析师与病人之间的故事，就像是牧师与保险营业员之间的那个趣闻：有位不信神的保险营业员将要离世，亲戚们坚持要请一位牧师让他在临终前皈依。谈话进行了如此之久，以至于等在门外的人觉得牧师可能成功了。然而这位无神论者并未皈依，反倒是牧师带着保单离开了病房。

如果病人的求爱被回应了，那么对她来说，这将是个极大的胜利，但对治疗而言却是个完全的失败。她本可以成功地完成所有病人努力达成的分析目标——那些她应该只是需要回忆起来的、只是该以心理表象再现的、并且属于心理事件范畴的东西，她本可以成功地将其付诸行动，在真实生活中重复[2]。在之后的爱情关系里，她将会继续带着她情欲生活里所有的抑制和病态反应，而无任何改正它们的可能；这段艰难的插曲将以自责而告终，并大大强化她压抑的倾向。事实上，这种爱情关系摧毁了病人对分析治疗影响的感受性。这两者的结合将是不可行的。

因此，对分析而言，满足病人的爱的欲望就如同压抑它一样，都是灾难。这两者都不是分析师所追求的，这在真实生活中没有典范可循。他时刻提醒自己不要远离移情之爱，不要去驳斥它，也不要让病人觉得不愉快；但是他必须坚决地抵制任何对移情之爱的反应。他必须紧紧抓住移情之爱，但又要将其视为不真实的，视为一种不得不在治疗中经历的、需要回溯到其无意识源头的情境，此情境一定会协助她把所有深埋于情欲生活中的东西都带进她的意识之中，从而处于她的掌控之下。分析师越清楚地让病人看见他能

---

[1] 弗洛伊德在布达佩斯会议的论文中再次提到了这个话题（1919a，标准版，17：162-3）。

[2] 参见前文。

抗拒每一个诱惑，就越能从情境中提炼出分析的内容。当然病人的性压抑尚未被移除，只是被推回到背景里，但之后她会觉得很安全，进而允许她所有的爱的先决条件、所有从性欲中涌出的幻想、所有她在恋爱状态下的详细特点等均得以呈现，由此，她打开了通往早期爱恋根源的道路。

对于某一类型的女性，为了分析工作的目的，试图保留她们的情欲性移情而不去满足它，这样的方式是不会成功的。这些怀抱强烈热情的女性是无法接受替代物的。她们的本质就是儿童，不愿以心理来替代物质，若用诗人的话来描述，她们就只能理解“逻辑是汤水，论点是饺子”（the logic of soup，with dumplings for arguments）。对于这样的女性，分析师有两种选择：回应她们的爱，或者让一个女人把全部恨意都加诸在他身上。在这两种情况下，分析师都无法捍卫治疗的效果。分析师不得不撤退，最后以失败而告终。与此同时，分析师还可以做的一点是，在心中把这个问题转化为一种思考：神经症是如何与这样一种难以驾驭的爱的需要掺杂在一起的呢？

毫无疑问，许多分析师都会同意，爱得不那么激烈的女性，是可以慢慢适应分析治疗的。毕竟，我们所能做的就是，对病人强调这种“爱”中存在明显的阻抗因素。我们认为，真正的爱能使她顺从，并且能帮助她做好解决问题的准备，这完全是因为她所爱的这个男人期望她这么做而已。在这样的情况下，她会甘愿选择去完成治疗，来赢得医生的赞赏，并为自己的真实生活做准备，爱会在现实生活中找到一席之地。相反，现在她流露出一种固执和反叛的气息，她抛弃了所有对治疗的兴趣，并且清晰地表达了对分析师所持信念的不尊重。因此，她用爱上分析师这一伪装带出了自己的阻抗。此外，她也不会因为把分析师置于进退两难的地步而自责。因为如果分析师出于责任和完全的理解拒绝了她的爱，那么她就可以扮演一个被轻蔑了的女性，然后带着报复与憎恨从他的分析治疗中退出，正如她现在正从她表面上的爱中退出一样。

我们提出的第二个反驳这种爱的真实性的依据是，它展现的并非是一个单一的、源自当下情境的新现象，而是由早期反应的重复和模仿组成的，其中包括了婴儿期的部分。仔细分析病人在恋爱中的行为可以证明这一点。

如果再花点耐心来对待这些论证，那么要克服这种困难情境，并持续带着已经节制了的或被转化的爱继续进行治疗，还是可能的；而治疗的目的在于揭露出病人婴儿期的客体选择，以及与它相关的各种幻想。

不过，我现在想用批判的眼光来审视这些观点，并提出一些质疑：当把这些情况告诉病人时，我们说的是真理吗？换言之，我们真的能确定，这种在分析治疗里彰显出来的爱不是真实的吗？

我想我们已经告诉病人真相了，但并非是不计后果地告诉他们全部的真相。我们所提的两个论点里，第一个更有说服力。在移情之爱中，阻抗所扮演的角色是毋庸置疑且不可忽视的。然而，毕竟不是阻抗创造出了移情之爱；阻抗发现移情之爱唾手可得，便利用了它，而且夸大了它的表现。然而，阻抗并未否定这种现象的真实性。第二个论点相对薄弱。的确，移情之爱是由一些老东西的新版本构成的，并且它重演了婴儿期的反应。但这是所有恋爱状态的基本特质，没有一种恋爱的状态是不重复婴儿期原型的。它正是从婴儿期的决定因素中接受了强迫性的特质，并滑向了病态的边缘。移情之爱也许比日常生活中被称为正常的爱少了些自由，但它更清楚地显示出了它对婴儿期模式的依赖，相比而言，它适应不良，不易修正；这是全部，但并非是最核心的。

那么，爱的真实性还可以靠其他什么迹象来识别呢？通过它的效用，看它能否通过爱达成自己的目标？在这方面，移情之爱似乎不比任何爱情逊色；在人们的印象中他们可通过移情之爱获得一些东西。

因此，我们没有权利驳斥在分析过程中出现的坠入爱河状态具有“真实的”爱的特质这一观点。如果它看似缺乏常态的话，那么这样的一个事实足以说明：在分析治疗之外，日常生活中的恋爱，在正常和异常之间，更偏向异常的状态。然而，移情之爱的一些特定因素让其具有一个特殊的位置。首先，它是被分析情境所激发出来的；第二，它被掌控大局的阻抗大大强化了；第三，它在很大程度上没有考虑现实，不那么敏感，不计结果，与日常生活中正常之爱相比，它在评估所爱之人时更加盲目。不过，我们不要忘了，这些偏离常态的情形正是坠入爱河的基本情况。

至于分析师的行为，移情之爱的三个特质中的第一个是决定因素。分析师运用分析来治愈神经症时激发了这种爱。对他来说，这是医疗情境中一个不可避免的结果，就像病人要暴露其身体或者说出某个重大的秘密一样。因此，对他而言，显而易见的是他不可以从中获取任何个人利益。病人的意愿并不会带来任何的差异，所有的责任都在分析师身上。确实，分析师必须知道，病人已经做好了只有这种治愈机制的准备。毕竟，所有的困难都已经克服了，通常她会承认，她在开始治疗时就有一种预期的幻想，她期待如果她表现好的话，那么在治疗结束时，分析师将会用情感来奖赏她。

对医生而言，伦理的动机和技术的动机，均会限制他给予病人爱。他应牢记的目标是，这位爱的能力被早期固着损害的女性，应该重获自由来支配爱的功能，这对她来说是非常重要的，不过，她却不该在治疗过程中浪费这一功能，应该把它保留到治疗结束之后，到真实生活中实现这一功能。他不该设立这样的赛狗场景：在一场以腊肠为奖品的比赛中，有个搞笑者故意捣乱，在跑道上丢了一个腊肠。结果当然是所有的狗都蜂拥而上，再也不管比赛了，也不管远处那个引诱它们获得胜利的腊肠了。我并不是说，对分析师而言，维持在伦理与技术规范的限制之内是一件易事。特别是那些还很年轻、还没有紧密束缚的男同事，会发现这是个艰难的任务。毋庸置疑，性爱是生命当中的重要事件之一，而在爱的享受中，心理和生理的共同满足，可以说是其巅峰时刻之一。除了少数怪异的狂热分子，整个世界都知道这个道理，并按此生活。但是科学本身太过严密，以至于它不承认这一点。再者，当一位女性追求爱时，一位男士可能会觉得很难去排斥和拒绝；而且，虽然有神经症和阻抗，这位向分析师承认自己感情的、有原则的女士身上确实存在着一种无可比拟的魅力。构成诱惑的并非是病人露骨的肉欲，这些是较容易抵抗的，而且如果分析师认为这是一种自然现象的话，它还会唤起分析师所有的耐心。相反，一位女性微妙的、被抑制的愿望，也许会带来危险，会让一个男人因为美好的体验而忘掉他的技术与医疗任务。

然而，要让分析师放弃治疗是不可能的。不论他给予爱情多高的评价，他都更珍惜这个可以帮助病人度过人生决定性阶段的机会。她必须从分析师那里学习如何克服快乐原则，学习去放弃那唾手可得却不合社会规范的满足，追求一种比较遥远的、或许不确定的但在心理和社会层面都无可厚非的满足。为了完成这种克服，她必须被引领着度过心智发展的原始阶段，而且在这个过程中，她还需要获得额外的心理自由，这可以帮助她系统地区分出意识和无意识的活动。

因此，分析治疗师有三场战争要打：在他心中，他要对抗把他从分析水平往下拉的力量；在分析之外，他要对抗那些驳斥性本能力量的重要性并阻挡他科学地利用它们的反对者；而在分析之中，他要对抗他的病人，她们一开始表现得像反对者，但之后却又显露出对控制着她们的性生活的过度重视，她们还试着用其尚未被社会驯服的热情来迷惑他。

我开始时谈论了一般大众对精神分析的态度，毫无疑问他们将会抓住移情之爱这个机会，引导世人去关注这个治疗方法的严重危险性。精神分析师知道，他正在处理的是一种易爆的力量，而他必须像个化学家那样谨慎且诚实地前行。但是，倘若因为危险，就要禁止化学家去处理那些必不可少的爆炸物吗？显然，精神分析必须重新赢得与其他医疗活动同等的自由。当然我不是赞成要放弃那些无害的治疗方法。因为对于许多病人来说，那些疗法就足够了，而且大家都说，人类社会对治愈方法的狂热沉迷❶（furor sanandi）已超过了其他所有的狂热。但是，若认为不探求其根源或临床的重要性，仅用无害的小处方便可克服神经症的话，则大大低估了那些疾病。答案是否定的；在医疗实践中，在“药物”❷旁边总是会有“铁”和“火”的位置；同样，没有一个严谨、纯净的精神分析，一个会为了病人的福祉而无畏地处理最危险的心理冲动、也不惧去掌控它们的精神分析，我们是无法真正完成这一目标的。

---

❶ 治疗人类的热情。

❷ 这里参见希波克拉底的一句话：“那些药物治不了的病，铁（或者刀）可以治；那些铁也治不好的病，火可以治；那些火也治不好的病，可以说是无法治愈了”［《警句》（*Aphorisms*），第7卷：87（翻译本，1849）］。

第二部分

对《移情之爱的观察》的讨论

重读弗洛伊德《移情之爱的观察》

弗里德里希·威尔海姆·艾克霍夫[1]（Friedrich-Wilhelm Eickhoff）

弗洛伊德在1915年写了一篇引人深思的论文，原名是《对精神分析技术的进一步建议》（*Further Recommendationg on the Technique of Psychoanalysis*），这篇论文篇幅虽不足10页，但时至今天，它在我们讨论如何解释心理冲突和直接情绪体验的意义时依旧举足轻重。在这篇文章中，弗洛伊德讨论了分析师在面对一位虚构的女性病人的“未被驯化”的“情欲性移情”时的反移情阻抗，在这个语境下，他有条不紊地建立了分析治疗的基本原则——节制，并将此“道德处方追溯到其源头，即权宜之计”。弗洛伊德认为这个基本原则与“中立”紧密相关，需要“不断地审视反移情”方能实现。他把精神分析的目的定义为获得“额外的心理自由，这可以帮助她系统地区分意识和无意识的心理活动”。最后，他赋予移情之爱一个特别的位置。渴望在移情中获得直接满足的欲望指向了一个临床范畴——边缘性病理学，而这在1915年还没有被纳入诊断范畴。弗洛伊德在《移情之爱的观察》一文的结尾引述希波克拉底的话作为一个隐喻，席勒在他的戏剧《强盗》（*Die Rauber*）中也曾引用过这段话（“那些铁也治不好的病，火可以治；那些火也治不好的病，可以说是无法治愈了”[2]），这暗示他已经完全意识到了自己的革命动力。

---

[1] 弗里德里希·威尔海姆·艾克霍夫是德国精神分析协会的培训分析师和培训督导师，他同时也是精神分析年册的合作主编。

[2] “那些药物治不了的病，铁（或者刀）可以治；那些铁也治不好的病，火可以治；那些火也治不好的病，可以说是无法治愈了”［警句（*Aphorisms*），第7卷：87（翻译本，1849）。参见弗洛伊德，1915：171n.］弗洛伊德的版本是：“答案是否定的；在医疗实践中，在‘药物’旁边总是会有‘铁’和‘火’的位置。”

在 1914 年给卡尔·亚伯拉罕（Karl Abraham）的信中，他写道："我已变得更诚实、更大胆，也更不顾后果了"（Freud & Abraham，1965）。

移情之爱的发现

移情之爱的发现历史可以追溯到 1880～1882 年约瑟夫·布洛伊尔（Freud & Breuer，1893-95：21-47）对安娜·欧所进行的宣泄疗法（cathartic treatment）。针对这个案例，弗洛伊德以督导者的视角于 1893 年给出了一个所谓的"诠释性重建"。随着时间的流逝，这个诠释越来越多地受到了移情理论的影响（Hirschmüller，1978：170）。在克拉克大学的演讲中，他特别关注了这个治疗的初始阶段，那时他还没有参与其中，他把这位年轻女性的症状解释为一种对父亲的疾病和死亡的回忆："因此这些症状对应的是哀悼"（Freud，1910a）。在《精神分析运动史》（Freud，1914）中，他把安娜·欧的移情描述为一个让布洛伊尔恐慌并导致治疗中断的"不利事件"（untoward event），布洛伊尔之前并未注意到"这个不被期待现象的普遍特质"。在《自传研究》（*Autobiographical Study*，1925）中，弗洛伊德写道布洛伊尔"并未将病人的移情之爱与她的疾病联系起来"，他"因而沮丧地退场了"。1932 年，在一封写给斯蒂芬·茨威格（Stefan Zweig）的信里（Freud，1960a：428），弗洛伊德最后提到，在治疗结束后，移情之爱以幻孕的方式呈现，"在那个她所有症状都克服了的晚上，布洛伊尔又被叫去看她，他发现她因腹部痉挛而痛苦地扭曲着。布洛伊尔问她怎么了，她回答：'现在我怀的布洛伊尔医生的孩子就要出生了。'在那个时刻，解决问题的钥匙就握在他的手中……然而他放弃了。他虽有着聪明才智，而绝无任何浮士德的品质。"（R. K. 所翻译）弗洛伊德从未正式发表过这种看法，他只是在布洛伊尔的讣告（Freud，1925b）中敬重地写道："某种纯粹的情绪因素让他感到厌恶，以至于他无法进一步阐明神经症。他遇上了某种从未消失的病人对医生的移情，而他也并未抓到此过程的客观本质。"不过，在《移情之爱的观察》中，弗洛伊德谴责了布洛伊尔，"从我们常见的工作中撤离……让精神分析治疗的发展在前十年里停滞不前"。

若是用弗洛伊德在《梦的解析》（Freud，1900：611）中的思路来看，“任何能被内在觉知为客体的东西都是虚拟的，就像光线通过望远镜后所形成的图像”，那么移情的普遍的、与个人无关的特质亦可被视为虚拟的（Eickhoff，1987）。有证据显示，《梦的解析》中所说的无意识想法向潜意识想法的转移与《癔症研究》中所说的“错误的连结……导致了对医生的移情”这两者在概念上有一致性（Freud & Breuer，1893-95：302）。弗洛伊德之前的观点如此评论：“在这里，‘移情’的事实解释了神经症患者心理生活中诸多让人惊讶的现象”（Freud，1900：562-63）。拉普朗什与彭塔利斯（Laplanche & Pontalis，1973：455）认为，移情是“婴儿期原型（infantile prototypes）的重复（repetition）……强烈地渴望即刻得到满足”。桑德勒、黛拉以及霍尔德（Sandler & Dare & Holder，1973：47）把移情定义为：“一种对他人发展出来的特别的幻觉，患者并不了解这个人，但这个人重复地表征了病人过去的某个重要人物的一些特点。”

在《杰森的格拉迪瓦的妄想与梦》（*Delusions and Dreams in Jensen's 'Gradiva'*，1907：90）中，弗洛伊德对治疗中移情之爱的不可或缺及其普遍性做出了雄辩性的描述：“如果我们把所有与性本能相关的成分也归结为‘爱’的话，那么治疗的过程就是在再度萌生的爱中完成的；而这种再度萌生的爱是必不可少的，因为那些需要在治疗中处理的症状，不过是与压抑较早期抗争的沉淀，又或是被压抑之物的重返而已，而且唯有崭新的、高涨的、相同的热情方可以将这些症状解决和冲刷。”在这部小说中，考古学家诺伯特·哈诺尔德（Norbert Hanold）被他遗忘了的儿时玩伴所治愈，是古典的格拉迪瓦让他记起了她，弗洛伊德对比了这种治愈和最合适的“权宜之计与替代……医生借此来实现爱是一种治愈的成功模范，正如我们的作者向我们所展示的那样”。

移情的理论在《某个歇斯底里症案例的分析片段》（*Fragment of an Analysis of a Case of Hysteria*，1905：116）中发展到了中期阶段，在这篇文章中，弗洛伊德把移情视为病人顽固疾病的最终产物，“我们可以确定地说在精神分析治疗中，新症状的形成必定会停止。但神经症的制造能力却很强，它们忙着创造一类特殊的心理结构，并且绝大部分是无意识的，它的名字就叫移情”。

在后记中，弗洛伊德将朵拉治疗的过早中断归因于他自己并未成功地解释移情（“我并未在一个好的时机成功地掌握移情”）。弗洛伊德开始把它视为一个技术问题。朵拉直接付诸了行动，而非回忆，“移情用这样的方式在我毫无觉察的时候发生了，我身上一些不明的特点让朵拉想起了 K 先生，她报复了我，就好像她报复他一样，她抛弃了我，因为她认为他欺骗并抛弃了她”。弗洛伊德的方法有一些问题，一个是人际距离上的问题，另一个是他没考虑到他自己与朵拉父亲共谋的情况，这两者也许能回答他关于“不明特点”的问题，弗洛伊德继续思索着：“如果我能扮演某个部分，如果我能夸大她继续治疗对我的重要性，并对她表示出我个人的温情的兴趣，那么即使她之后会爱上我这个分析师，或许我就能把她留在治疗当中了——这个过程本身，即使考虑到我的医生身份，是否也等同于为她提供了一个她渴求的情感的替代物呢？”在注脚中，弗洛伊德继续悔恨自己的失败：“未能及时发现并告诉病人，她对 K 太太的同性之爱才是她心理生活中最强烈的无意识思绪。”

在《记忆、重复与修通》(Freud，1914）中，移情概念有了技术上的扩展，即“移情神经症”（transference neurosis）是一种“人为的疾病，我们可以在任何一个点上做出干预……只有当病人表现出足够的依从性并充分尊重分析的条件时，我们才能成功地为疾病的所有症状赋予一种新的移情上的意义，并用移情神经症来取代他日常的神经症，而移情神经症是可以在治疗工作中被治愈的。因此，移情创造了一个疾病与真实生活之间的中间地带，经此从一端到另一端的过渡方可完成”。在《精神分析导论》(*Introductory Lectures on Psychoanalysis*，1916/17：455）的第二十八讲中也有相似的描述：“移情性疾病（transference illness）是与以往重要他人的病态客体关系在分析中的重复，病人应当从中解脱出来去追求‘新的客体’，即分析师。”在《记忆、重复与修通》一文中，弗洛伊德说道，“处理移情”的艺术包括要“赋予”强迫性重复（repetition compulsion)“一个可以在某种确定范畴得到肯定的权利”。我们容许移情成为一个游乐场：“我们期待病人心理隐藏的任何病态的性本能均能在此中得以呈现。”最后，弗洛伊德承认，修订阻抗对病人的改变有最大的效果。

移情神经症的概念有时在意识形态上是超负荷的。与此相对，里奥瓦多（Loewald，1971）认可了这个概念所包含的理想建构价值，即将一系列事件组织起来，并把这个混乱的事件集群按照一定的顺序排列起来；它为顺序原则赋予了功能。里奥瓦多（Loewald，1975）也反思了移情神经症、移情性疾病及病人内在生活的新产物（分析师和病人是此产物的合作者）之间的中间地带，他把这个中间地带比喻为一种幻觉或游戏的产物，它的特殊影响取决于病人可以同时将其体验为既是现实的又是想象的产物。这种双重性是病人体验中的一个重要成分。里奥瓦多认为他的这些反思非常接近于温尼科特（Winnicott，1967）的“第三界（third sphere），也就是游戏的世界，它包含了创意的生活以及全部的人类文化经验”。关于这个幻觉的概念，艺术历史学者厄恩斯特·贡布里希（Ernst Gombrich，1960）写道：“在真理与谎言之间的中间地带……我们有意识地、自由地臣服于幻觉。”

解释与满足和安慰

在与布洛伊尔起起伏伏合作了数十年后，弗洛伊德在《移情之爱的观察》中提到，“精神分析技术的核心需要” 在于能够识别出处理移情方是精神分析治疗中唯一的真正的难题。在国际精神分析协会成立数年之后，他向几位可能是初学者的人提出了这个问题，但并未涉及那些发表过的案例[1]。他抓住一种特别的情境：“这种情境发生得很频繁且具有重要的现实意义，而且它有很大的理论价值”，那就是：“一位女性病人对她的精神分析师表现出毋庸置疑的爱意，或公开宣称她爱上了正在分析她的精神分析师。”

弗洛伊德将这样的情况描述为：苦恼的、可笑的、严重的，最终是不可避免且难以解决的，因而是悲剧的。弗洛伊德用华丽的辞藻来证明可能的结果：形成一个永恒的合法共同体、中断治疗，或者进入一段不合法的爱情关系。第

[1] 那个时代的热情热潮还不允许第一批精神分析师有足够的分离，我们今天称之为中立（参见附录A）。

一种和第三种的可能性看似可以与治疗共存，但从中产阶级的道德和职业标准来看却是不可以的。弗洛伊德继续说服大家：精神分析师应该从不同的角度看问题。如果治疗中断，移情之爱的重演这一事实是“一个（对医生而言）有价值的启发和一个对可能会出现在他脑海中任何反移情倾向的有用的警告”。“分析情境”迫使病人坠入爱河，这个事件不可归因于他（分析师）的个人魅力，所以他没有任何理由为这样的“征服”而感到骄傲。

病人可以有两种选择：放弃治疗，或接受“爱上她的分析师是一个不可逃脱的命运”。在注脚中，弗洛伊德继续说：“我们知道移情可以以其他的、更温和的情感显示，但是在此我不建议我们考虑这个问题。”这个注脚传达出一个信息，那就是弗洛伊德刻意忽略了其他形式的移情。从事分析的医生们在为分析初始阶段的失望打预防针时，可能准备好了“一把鼻涕一把泪”，这种情况确实很常见，但弗洛伊德很快指出，为移情之爱的发生所做的准备是荒唐可笑的。他也区分了一些更极端的移情之爱的案例，我们现在把其中的很多类型称为情欲化移情（erotized transference）。

弗洛伊德以一个病人要求爱的回报的例子来说明，要从坠入爱河的女性病人或是所谓的情欲化移情中萃取出有用之物，确实困难重重。精神分析的情境似乎改变了，“举例来说，就如同在戏剧演出当中突然有人高喊失火了一样”。这个比喻让人联想起里奥瓦多曾把分析情境比为审美体验。科胡特（Kohut，1971）也涉及这个问题：

> 从字面意义来看，分析情境的核心部分并不是真实的。它具有某种特殊的现实，就像艺术中的某种现实，例如戏剧中的现实……自己现实感相对完整的被分析者，带着适度的过渡性阻抗，将会允许自己为了分析目的产生必要的退行。因此，他们可以体验到移情中的近似艺术的、间接的现实，而这曾经与他们过去的另一个现实相关（那时是当下且直接的）。
>
> （Kohut，1971：210-211）

弗洛伊德继续说道，没有任何一位分析师在首次体验到这样的混乱（移情之爱或者是情欲性移情）时，会觉得“很容易地掌握分析情境，并且能清醒排除治疗已经结束的这种幻觉”。为了阐明这种对爱情的渴求可能表达的是阻抗，他描述了一个变化，即从喜爱的移情（这似乎对治疗有某些帮助），到某个时刻病人本该“承认或者记起某个特别艰难且被严重压抑的生活历史片段时”反而缺乏洞见。因此，阻抗利用了这存在已久的爱。“让事情变得更复杂的动机”表现为“病人努力地去确认自己的无法抗拒性，要把他下拉到一个情人的位置来摧毁分析师的权威”，我们可以承认这种影响。作为一位“密探”，阻抗“强化了病人坠入爱河的状态，而且夸大了她准备好做出性臣服的姿态，通过指出这种放荡行为的危险来印证压抑工作的合理性”。

随后，弗洛伊德详尽地讨论了如何在情欲性移情下继续治疗，他认为这需要节制，根据这个原则，分析师既不应满足也不该拒绝病人无意识的本能愿望，而应该解释它。因此，他完全排除了在分析情境中任何采取行动的做法，而采取了一个元位置（metaposition），当代哲学家汉斯·赖兴巴赫（Hans Reichenbach）也讨论过这个概念。这个原则可以总结为一句话：“治疗必须在节制下进行。”分析师对病人所给予的喜爱不做出回应的责任是基于分析技术层面的考量，也就是说，需要把这种情境视为“不真实的事物”，并去了解和解释移情的虚拟性。弗洛伊德关注的重点在于避免职业上的错误，而非道德上的越界。去回应病人的爱之移情并要求她升华，这无疑是荒谬的，就好像“使用了一个巧妙的咒语将地底的精灵召唤上来之后，不问他任何问题就又把他送回去一般”——这是弗洛伊德在《梦的解析》中打的一个比喻。至于他的一些学生提倡的“中道”（middle course），即回应“病人的喜爱”但同时要“避免用身体来表达这种爱意”，弗洛伊德直接回应道：“精神分析的治疗乃是建立在真理之上”，而且它展现了“很大的教育和伦理价值”。对弗洛伊德而言，这是一个过程，“任何已经精通精神分析技术的人，将不会再利用那些一般医生认为不可避免的谎言或伪装”。

这些宣言代表了弗洛伊德工作中一个不变的成分。在《精神分析引论》（Freud，1916/17：434）中他提到“真理教育”，在《精神分析新论》（Freud，1933：182）里他谈到“对真理的臣服”，在《对反犹主义的评论》（*A Comment on Anti-Semitism*）中，他用特别动人的术语再次表达了他的信条，为了抗议对犹太人的迫害，他借助一个虚构的非犹太人的口说出了“真理的宗教” 这个防御。

值得注意的是，从追求真理延伸而出的主题是反移情，在 1915 年的论文中它尚未被定义为了解移情的工具。 否定了所谓“中道” 之后，弗洛伊德将“通过持续检验反移情而得来的‘中立’”与“在节制下实施的治疗基本原则” 联系起来。

史崔齐（Strachey）将德文的“*Indifferenz*” 译为“neutrality”（中立），为这个概念进入精神分析语汇铺垫了道路。 没有像在《癔症研究》（Freud & Breuer，1893-95）中所强调的那样对“在（分析师的）自白之后仍持续的同情与尊重” 进行深思，没有反思解释作为一种技术所传递出的洞见，弗洛伊德把“让病人渴望在爱移情中满足的需求受挫” 的原则局限为“由代理人来进行安抚”，剥夺病人的所有欲望对一个生病的人来说或许是难以忍受的。 所以，不得不允许需求与渴望持续存在，成为推动她接受治疗和做出改变的力量。

为了阐述分析师同意假装妥协或同意做那个代理人会导致分析的失败，弗洛伊德讲述了一个小轶闻［他在《门外汉的分析问题：与一位公正者的对话》（*The Question of Lay Analysis*：*Conversation with an Impartial Person*，1926：65）中也讲过一次］，故事是这样的：有一位不信神的保险营业员快要去世了，他的亲戚们坚持要请一位牧师让病人在临终前皈依，但最后的结果是这位无神论者并未皈依，反倒是牧师带着保单离开了病房。 对于那些被诱惑着要去满足病人情感需要并成了轶闻中“投保” 的分析师，弗洛伊德用第二个人物形象提出了警告：在赛狗时，医生不应该把“腊肠项圈” 作为奖品，因为如果有个搞笑的人在跑道上丢一个腊肠的话，那么所有的狗“都会蜂拥而上，再也不管比赛了”。 弗洛伊德要用这个笑话来充分诠释过度卷入的分析师的反移情阻抗，艾斯勒（Eissler，1958）参照了对移情阻抗的诠释，将这种干预描述为一个“伪参数”（pseudoparameter）。 他写到，通过这种伪参数的帮助，分析师可以把解释偷运上舞台而暂时避开了阻抗。 对于一个极度抗拒充满了道理的解释的病人而言，或许一个精心选择的笑话更容易让人接受。

在第一次提出这个概念的4年之后，弗洛伊德在布达佩斯宣讲的《精神分析治疗的进展》（*Lines of Advance in Psycho-Analytic Therapy*，1919）一文中，拓展了节制原则，纳入了“反对过早的替代性满足……这听起来虽然残酷，但我们必须明白，这对病人的病情虽然可以起到一定的效果，但不会因此提前治愈”。然而后来，他修正了他的警告，因为“所有其他加诸在他身上的苦难”，病人都会在与医生的移情关系中寻求替代性满足。他写到：“根据案例的性质和病人的个性，必须对病人做出或多或少的让步。”牢记着完全执行节制的局限性，弗洛伊德在关于移情之爱的论文中专门讨论了反移情中隐含的问题，即想要去安抚她所表现的需要以及渴求，或者甚至回报情感的状况。在第二种情况下，病人可能会“带出她情欲生活里的病态反应”，但“这段艰难的插曲将以自责而告终，并大大强化她压抑的倾向”，其中带来的一个结果是赫伯特·马尔库塞（Herbert Marcuse，1966）从非技术层面描述的“压抑的去升华”（repressive desublimation）。要保持中立，而“这在真实生活中没有典范可循”，这种需要使分析师无法拒绝：“他（分析师）时刻提醒自己不要远离移情之爱，不要去驳斥它，也不要让病人觉得很不愉快……但他又要将其视为不真实的，视为一种不得不在治疗中经历的、需要回溯到其无意识源头的情境……她……才能觉得很安全……允许她在恋爱状态下的所有详细特点等均得以呈现。”

从精神分析开始，弗洛伊德便很重视朝向自我了解的这一基本步骤，这是精神分析洞见观念的先决条件。在《梦的解析》中，他写到：“如果我们可以将无意识的愿望简化为它们最基本也最真实的样貌，那么毋庸置疑，我们就会得出这样一个结论：心理现实是一种不可与物质现实混为一谈的特殊存在形式。”

爱之移情与移情之爱

在文中的一段简短论述里，弗洛伊德提到，对于“某一类型的女性”，为了分析工作的目的，试图保留她们的情欲性移情而不去满足它，这样的方式是不会成功的。这些怀抱强烈热情的女性是无法接受替代物的。她们的本质就是儿童，不愿以心理来替代物质，若用诗人的话来描述，她们就只能理解“逻辑是汤水，观点是饺子”。

在《弗洛伊德文集》（*Sigmund Freud Studienaugabe*，1975）增补卷的编辑文案问世之前，大部分的读者大概都没有发现，这样的论述会出现在弗洛伊德的“非信徒”海涅（Heinrich Heine）的政治寓言诗中，标题是《流浪的老鼠》（*Die Wanderratten*）。因为“逻辑是汤水、观点是饺子”并非常见的德语，再考虑到弗洛伊德在作品中多次引用海涅，我们可以假设，他对海涅的诗非常熟悉，他这种丝毫不谄媚的、讨厌女性的且让人极度好奇的某类女性就取材于此。在征得翻译者哈尔·德雷珀（Hal Draper）的允许之后，我们对这首诗做了一些润色：

《流浪的老鼠》

有两种老鼠；
一种饥肠辘辘，另一种肥头肥脑。
肥头肥脑的老鼠惬意待在家里，
而饥肠辘辘的老鼠到处流浪。

它们流浪到遥远的地方，
未曾驻足停留，
便直接踏上了艰辛的旅程——
没有什么风雨可以阻挡。

它们爬过冰冻的高地，
它们游过盈满的大海；
有些溺水了，有些跌破了头——
但活着的继续向前，离开了死去的。

这些怪异的老鸟是乡巴佬，

长着吓人的鼻子；
它们的头被撕裂了，就像无毛的老鼠，
如此的极端，像老鼠一样糟糕。
这极端的啮齿类动物
无视上帝的存在。
它们的幼崽没有受洗，
它们的妻子大家共享。

这群耽于肉欲的老鼠，
只想大吃大喝；
毫无节制，
早已忘记了我们还有不朽的灵魂。

这些野蛮残暴的老鼠，
既不怕下地狱也不怕猫；
它们没有财产，也没有钱，
所以它们想要划分出一个新的世界。

这些流浪的老鼠，啊！
现在正在靠近我们；
我听见了它们的吱喳声——一种压迫感迎面而来，
而且数量众多。
我们已经迷失了——这悲惨的命运！
它们已经兵临城下！
市长与议会正在颤抖地祈祷，
他们不知所措。

公民们举起武器，
牧师们敲响警钟。
你看，这堡垒，

陷于危险之中。
没有钟声，也没有牧师的祈祷，
没有议员，也没有他们的政令，
没有大炮，也没有长枪，
现在可以帮助你呀，我美丽的同伴们！

巧舌唐璜没有用，
雄辩诡计没有用。
奇思妙想抓不住老鼠——
它们会直接跳过演绎。

当肚子饿了，它们只能囫囵吞枣，
逻辑就是汤水，论点就是面包❶。
就着烤牛肉或烤鱼讨论理性，
佐以香肠来装饰这道菜。

鳕鱼配上奶油慢慢地在温火上煎，
那帮阴水沟里的家伙心中欢喜，
这远比米拉波的演说，
以及西塞罗之后的辞藻来得管用得多。

海涅对无产阶级战胜了资产阶级，正如饥饿的老鼠战胜了肥胖老鼠的预见，包含了一个对口欲虐待（oral-sadistic）的独特影响的比喻，也反映了在面对恐惧时的恐慌。道尔夫·斯腾伯格（Dolf Sternberger，1976）认为，这首诗“在知觉、情感以及恶意的机智上非常华丽”，他指出，诗文里的倒数第二段中那超然且讽刺性的评论，彻底暴露了海涅反乌托邦的动机以及他诉诸宗教革命的渺茫希望。

关于海涅对政治观点不可接近性的描述，弗洛伊德使用了内涵性的类

❶ 当然，这一行是德雷珀的翻译版本。

比，这就如同是要通过伪参数来隐晦地解释反移情阻抗一样，着实让人印象深刻。他借此描述了某类临床病人的特征，他们要求在移情中不考虑虚拟的成分而获得直接满足，并且对解释无动于衷。弗洛伊德所指向的外延水平是当时尚未发展的边缘性概念；他反复写的是爱之移情，而非移情之爱；更有甚者，他间接写到了恋爱中的某种暴力状态。在 1915 年的论文里，他持续质疑："分析师还可以做的一点是，在心中把这个问题转化为一种思考即神经症是如何与这样一种难以驾驭的爱的需要掺杂在一起的呢？" 他并非要解释神经症和对爱的渴求之间的不兼容性，但这个主题却成了之后学者频繁讨论的一个话题。

拜昂（Bion，1962）并未直接使用爱之移情，他将其称为"未消化的事实"，此事实只适合投射性认同（projective identification），而且是未被转化的 β 元素（beta element），与 α 元素（alpha element）不同，α 元素可以在清醒状况和梦的帮助下完成转化过程，同时依赖于"容纳能力"。在一次与作者（Bion，1978）的个人谈话中，他同意：弗洛伊德所描绘的具象化移情（即把"逻辑是汤水" 的女性）的这类病人的特点，与他所描绘的松散的 β 元素占优势的这类病人之间是有关联的。

他又想起了弗洛伊德在 1916 年 5 月 25 日给露·安德烈亚斯·莎乐美（Lou Andreas Salome）的信中谈到的"这个黑暗的区域"："我知道我故意忽视了一些内容，只把光线聚焦在这唯一的黑暗区域；我抛弃了连结、和谐、崇高等一切你称之为象征的东西，因为有一种经验使我警觉，所有那类的要求和期待中都隐藏着一个危险，即一个会让我们用扭曲但美化的方式看待即将被揭示的真理的危险"（由 R. K. 所翻译）。这个论述已明显地远离了"均匀悬浮注意"（evenly suspended attention）这项建议，与拜昂（Bion，1967）的观点非常接近，他认为分析师应该表现得仿佛"没有记忆，没有欲望，没有体会……为了让如梦般的心理现实的直觉成为可能"。劳克（Loch，1981）将之称为第二级节制（second-degree abstinence），让分析师从了解病人的语言与非语言信息中退出，并放下必须去理解病人的压力，取而代之的是，要去相信他有能力发展自己的心理生活，这是终极真理进化的先决条件。

爱之移情❶尽管会影响治疗但治疗又有赖于它得以继续，而且对于一些具有“强烈热情”和“儿童天性”的个案，它也会带来失败，尽管如此，弗洛伊德并没有把爱之移情视为一类特殊的临床案例，如之前所述，他怀疑爱之移情与神经症之间的兼容性。因为一些在附录A中所讨论的历史因素，弗洛伊德也限制自己去警告一些男同事——“特别是那些还很年轻，还没有紧密束缚的男同事”，不要去激发女性病人的情欲性移情，这是根据分析师与被分析者的性别而划分的四种“治疗二元体”（treatment dyad）中的其中一种（Person，1985）。他并未明确地区分爱之移情与移情之爱，但在第一种情形（爱之移情）中，他清楚地知道解释这一任务的艰难，就像在一些反移情（他自己并非如此称呼）中的艰难一样。

之后，“爱之移情”被当作一种“移情性疾病”，并与各种不同的精神病理联系起来一起被研究。埃切戈延（Etchegoyen，1991）写道：“有一些精神病性（妄想的、躁狂的）形式、性倒错形式，以及心理病态的形式都与所谓的爱之移情相关。”根据汉娜·西格尔（Hanna Segal，1977）的说法，受β元素影响的投射性认同将反移情转化为分析过程中一个特别重要的部分，并对一直是父母投射对象的病人产生重大影响，同时会诱发分析师自己曾经与这种暴力投射相关的无助感❷。

节制、思想自由和移情之爱的特殊地位

除了拒绝“给予爱”的节制原则之外，弗洛伊德对解释任务的讨论背离了二级节制原则的内在态度，即要求分析师“故意盲目”，“从而把所有光线都聚焦在这唯一的黑暗区域”。弗洛伊德认为，通过强调“这种‘爱’中清晰可见的阻抗成分”并质疑其真实性，可以让那些“爱得不那么激烈”的女性而非那些丝毫不妥协的女性接纳分析的态度，这种观点似乎太过绝对。弗洛伊德用“进退两难”（a cleft stick）形象说明病人威胁要退

---

❶ 史崔齐反复地但又不合逻辑地把它翻译为“情欲性移情”，但他有时候又会偏爱“移情之爱”，避免使用“爱之移情”。

❷ 情欲化移情，参见附录B。

出治疗而带来的沟通功能混乱——要么因为她觉得被轻视了，要么是因为坠入爱河了——他也考虑了如何带着这种爱继续工作下去，这种爱因为无法逃避的痛苦明显已经“缓和或转化”了，其目的是为了揭示“病人婴儿期的客体选择以及与它相关的各种幻想”；之后，弗洛伊德问：“我们真的能确定，这种在分析治疗里彰显出来的爱不是真实的吗？”弗洛伊德继续论辩道，“不计后果的全部真理”是双重的：一是不能否认在分析治疗中出现的恋爱状态也有“真正的爱”的特点；二是分析之外的恋爱状态也是一种异常现象。阻抗没有去除爱的真实性反而增强了它，对婴儿期原型的重复是“所有恋爱状态的本质”，它的戏剧化的特色实际上起源于“早期的决定”。然而，“移情之爱也许比日常生活中被称为正常的爱少了些自由，但它更清楚地显示出了它对婴儿期模式的依赖，相比而言，它适应不良，不易修正”。

最后，弗洛伊德赋予了移情之爱一个“特别的位置”：“首先，它是被分析情境所激发出来的；第二，它被掌控大局的阻抗大大强化了；第三，它在很大程度上没有考虑现实，不那么敏感，不计后果，与日常生活中正常之爱相比，它在评估所爱之人时更加盲目。”第二点指出了移情之爱的防御特点，这是弗洛伊德不断强调的。通过不断强调移情之爱在分析过程的“特殊位置”，弗洛伊德把焦点放在了节制原则和反移情的危害上，但是他也承认反移情的重要性、不可或缺性，同时他没有明确识别其对应物，即分析师在治疗中始终有义务去持续觉察病人并且解释她的心理过程。“伦理与技术的限制”使“从情境中提炼出分析的内容”成为可能。弗洛伊德继续说道：“当然病人的性压抑尚未被移除，只是被推回到背景里，但之后她会觉得很安全，进而允许她所有的爱的先决条件、所有从性欲中涌出的有幻想、所有她在恋爱状态下的详细特点等均得以呈现，由此，她打开了通往早期爱恋根源的道路。”只有当分析师能充分解释分析师变成了客体这个无意识的过程，而且是以一种不生气、不震惊或不诱惑的方式来回应时，病人才能明确地找到这条道路。弗洛伊德不厌其烦地警告，女性病人一定不要“在治疗当中浪费”她爱的能力。最糟的情况是，病人最初的移情幻想“分析师将会用情感来奖赏她”可能会持续到治疗结束之后，而且阻抗转化的发生。在一段偶然的评论中，弗洛伊德说，把肉欲视为一种“自然现象” 的困难之处在于它需要“分析师所有的包容”，这是一个有“性恐惧”（Kumin，1985 & 1986）的女性患者可能会有的问题。虽然弗洛伊德在1910年考虑到：反移情是来源于“病人对分析师的无意识情感的影响”，但他并没有考虑到分析师“抑制目标的愿望”，渴望“因为一段美好的经历而去忘掉他的技术与医疗任务” 的愿望，可能也正是由病人激发出来的。弗洛伊德只是在以一种规范性的方式来强调分析师是完全不能让步的。

史崔齐（Strachey，1934）是第一个把变异性移情解释（mutative transference interpretation）视为治疗核心要素的人——通过这种方式，理解的、容忍的超我成分可以整合，从而取代古老的部分。在弗洛伊德看来，治疗的目的绝非在“节制的价值”，而包含了一个升华的明确主张：病人“必须从分析师那里学习如何克服快乐原则，学习去放弃那唾手可得却不合社会规范的满足，追求一种比较遥远的、或许不确定的但在心理和社会层面都无可厚非的满足。为了完成这种克服，她必须被引领着度过心智发展的原始阶段，而且在这个过程中，她还需要获得额外的心理自由，这可以帮助她系统地区分意识和无意识的活动”。虽然弗洛伊德对移情之爱的大多数论述听起来像是指俄狄浦斯冲突的再现，但费伦奇（Ferenczi）和巴林特（Balint）强调，“原始阶段” 的说法会让人想起分析情境中的前俄狄浦斯期的固着，或是深度退化的再次体验，以及通过“新的开始” 中显现出的东西（Haynal，1989）。

弗洛伊德的论文将对移情之爱的观察局限在“病人对分析师的热情依恋上”，在《精神分析导论》 的第二十七讲中，他写道：“这种情形反复地、在最不利的条件下、在一些明显怪诞且不一致的地方、甚至是年老的妇女和胡须灰白的男性的身上，都会出现。” 他继续说道，在男性病人的案例中，一个人（他意指男性分析师）可能希望“能回避因性别差异和性吸引力而带来的麻烦”。但是他发现，年长的病人“同样会依恋分析师，同样会高估他的特质，同样会对他产生兴趣，同样会嫉妒在真实生活中跟他亲近的人”。而且，他继续说：“在男性与男性之间，移情的升华形式更频繁地出现，从比例上来看直接的性要求是比较少见的，因为跟使用本能成分的其他方式相比，明显的同性性欲是不常见的。”

以男性与女性的俄狄浦斯情结来解释男性和女性身上移情之爱的“优雅的不对称性”，对于这种观点，查舍古特·斯密盖尔（Chasseguet-Smirgel，1988）并非毫无保留地接受了，他发现不管分析师的性别如何，移情之爱的完整表征与男性的恋爱状态较少重合，不像与女性的那般；而且男性的移情之爱“伪装得更好”；男性不会那么频繁地通过移情之爱来呈现阻抗，更常见的反而是反对移情之爱的信号；在她看来，男人是通过调动肛门来抵御乱伦的欲望。同样，珀森（Person，1985）在区分“作为阻抗的移情”与“对移情的阻抗”时提出，女性用情欲性移情来阻抗，而男性则更易于表现为对情欲性移情体验的阻抗。根据珀森的说法，女性病人对女性分析师最强烈的是母亲移情，即使是情欲性感情也可以在分析中自由地表达，这反映出俄狄浦斯集群中呈现出来的愤怒、嫉妒、竞争与恐惧。和之前弗洛伊德所说的具象化爱之移情与拜昂（Bion）的 β 元素之间的联系相似，李·戈德堡（Lea Goldberg，1979）认为，对女性分析师身体的直接移情似乎是与性别无关的。

弗洛伊德的节制原则（principle of abstinence），虽然通常被定义为一种“节制规则”（e. g. ，Nerenz，1985），但仍需和治疗规则区别开来；这个原则强调了情境中挫折的必要性，这是由移情与反移情阻抗所决定的。他注意到病人需要“某种程度的真实痛苦”（Freud，1937），所以她不会为她的症状找到任何的替代性满足，也不会为分析师放弃任何的非解释性活动的替代性满足。在移情之爱一文发表数年之后，弗洛伊德警告：“不要把来找我们寻求帮助的病人变成我们的私人财产，为他决定命运，把我们自己的理想强加于他，也不能带着创造者的骄傲以自己的形象去塑造他，而且认为这是善的。”至于该警告与“技术规则”的范畴差异，弗洛伊德（Freud，1912）说道：“（至少当中有许多）可能被总结为一条戒律”，即分析师对每件事均表现出“均匀悬浮注意”，“像电话接听器为传播麦克风”那样根据病人而做出相应的调整，毋庸置疑，这是有重大意义的。借用一个隐喻“持续的游离”，即分析师要将注意力转向本我、自我与超我的无意识部分，安娜·弗洛伊德（Anna Freud，1946）对节制原则进行了清晰的评价。

节制原则明显与中立相关，中立意指某种不偏颇和不干涉的乌托邦理想，分析师的目的是不能成为病人生活中的真实人物。节制原则与分析态度中的隐形价值观以最紧密的方式联系在一起：真理的伦理、对思想自由的尊重，以及精神分析的治疗目的在于“为了病人的利益，去处理最危险的心理冲动并驾驭它们”。

附录 A　历史背景

弗洛伊德关于移情之爱的这篇文章可能有两个历史背景：一是荣格在对莎宾娜·斯比尔林（Sabina Spielrein）的分析中出现的“让人困惑和热情的反移情”（Eissler，1982）；另一个则是弗洛伊德与费伦奇之间更为高深的个人与科学的对话（Falzeder & Haynal，1980）。在 1909 年 7 月 7 日给荣格的一封信中，弗洛伊德写道：“我还好没有陷得那么深，不过也有几次差点脱不了身。我相信仅仅是因为工作的严峻要求和我进入精神分析时的年龄比你长十岁这一事实，使我免于这样的经历。但这不会造成伤害。一个人需要适当的厚脸皮，需要学习去掌控每次出现的‘反移情’，需要学习去调整自己的情绪并与之方便。这是因祸得福。”（由 R. K. 翻译）荣格写给斯比尔林的信公之于世后（Carotenuto，1980），我们由此知道，荣格与斯比尔林的关系可能比弗洛伊德从荣格写给他的信中所理解的还要强烈得多。感谢法尔兹德（Falzeder）和海纳尔（Haynal）的工作，我们方可以在弗洛伊德与费伦奇的通信中发现，费伦奇对艾尔玛·帕洛斯（Elma Palos）（她后来成为费伦奇的继女！）的分析中断时所造成的非常复杂的冲突——就费伦奇而言，他爱上了艾尔玛·帕洛斯；就弗洛伊德而言，虽然他极不情愿，但最后还是屈服于费伦奇的催促而答应对艾尔玛·帕洛斯进行分析。海纳尔（Haynal，1989：60）总结道：“因此，精神分析技术中最严峻的问题是在一种冲突、悲伤、自恋受损以及暴力情绪的氛围中被提出的。”认为节制概念的差异代表了弗洛伊德与费伦奇争论的一个层面的讨论，在精神分析的历史上有重大意义；如想了解关于这个争议的更多信息，可以参考 A. 霍弗（A. Hoffer，1991）的研究。

一方面，费伦奇在他的“主动技术”中热烈地拥护节制原则；另一方面，他在放松实验中提倡要宠爱病人，甚至达到可以像母亲与小孩那样彼此有身体爱抚。“因此，我们必须承认，精神分析运用了两种截然不同的方法；加大挫折会导致张力增加，允许自由则会带来放松。”（Ferenczi，1930：115）

随着琼斯发表了他与弗洛伊德的一些重要信件，我们可以得知在1931年12月13日的一封信中，弗洛伊德提到我们要警惕精神分析的堕落：“看看他所布置的时尚场景，教父费伦奇很可能对自己说：通过使用我的母爱式喜爱技术，也许我最后会在亲吻发生前就停下来的”（由R. K. 所翻译）。我们有理由相信，最终弗洛伊德在移情之爱文末反对的治疗热情（furor sandandi）也可以说是费伦奇所说的“热切的帮助与治疗需要”（Grubrich-Simitis，1980：273）。劳克（Loch，1991）强调的分析师“肯定的在场”（affirmative presence）无疑可以等同于费伦奇所提的“母爱式的情感”。

附录B　情欲化移情

把“情欲化移情”描述成一种最接近于弗洛伊德的“爱之移情”（love transference）的特殊移情，最早可追溯到莱昂内尔·布里茨斯腾（Lionel Blitzsten）的一篇未发表的评论中，恩斯特·拉帕波特（Enrest Rappaport，1956）引述其文说道：“布里茨斯腾注意到在移情情境中，分析师被视为好似（as if）父母一样的人物，而在移情的情欲化中，分析师就是父母。病人甚至并不承认‘好似’的说法。”在一篇1959年的论文中，拉帕波特引用布里茨斯腾的观点：若分析师是以没有伪装的样子出现在病人的第一个梦中（这意味着病人没有能力把分析师与过去生命里的重要人物区别开来），这将不利于预后效果；在移情的情欲化中，过剩的情欲成分表达的不是爱的能力，而是极度需要被爱。在拉帕波特看来，移情的情欲化，特别是某种全能幻想，标志着现实感的严重紊乱，而且是疾病严重的一个迹象。早在1934年的卢塞恩大会，格蕾特·比布林

(Grete Bibring，1935）就报告过一个案例：病人“将移情关系在各个方面都付诸行动了。他强烈地要求坐在我的腿上、抱着他、喂他，因为他的母亲，一个邪恶的坏女人从未这么做过。他想打我，他大肆地虐待他的母亲和我，不再称呼我，除了使用熟悉的‘你’之外——与此同时还伴随着严重的焦虑发作与出汗，他的情绪是如此强烈，他不得不紧紧地钉在沙发上以防止将冲动付诸行动”。纳恩博格（Nunberg，1951）有一位女性病人试图再教育他并把他转变成自己的父亲，他将此归因于她没有意识到移情的发生是要在准备好的状态下，她试图建立一个“起作用的移情”关系的努力是徒劳的。

布卢姆（Blum，1973）从一个综合的视角出发，强调作为一种移情形式的情欲化移情，其先决条件受以下因素的影响：混乱的自我功能（经常但并非总是），成年后无法证实但在儿童期真实发生过的性引诱，防御中的性引诱色彩；移情与现实的融合，表面上是俄狄浦斯期问题但有自恋和前俄狄浦斯期的病理问题，以及经常觉得自己是“例外的”（exceptional）——这是弗洛伊德使用的一个词。不过，他承认情欲化移情是可被分析的移情神经症的一部分，而且可以说是代表了一种试图通过主动重复的方式来驾驭创伤的扭曲的尝试。最后，布卢姆肯定，情欲化移情会在不恰当的反移情（如虐待的）中固着，即使它并非是由此反移情而起。

吉特尔森（Gitelson，1952）对节制的局限性表示出敏感的关注，他清楚地指出，分析师会有移情于病人的危险，而且戴着假定的正性反移情的面具。这是可能发生的，举例来说，如果分析师对病人的反应是一个人的反应，把某些东西带入分析情境，这对病人而言意味着早期关系的重复；最重要的是，这种方式是负面的，分析师早期在病人的梦中以非伪装的样子出现就是这个问题的迹象。

纽拉特（Neyraut，1976）并未追随美国的范例把这种移情视为情欲化移情，而是将它定义为“直接移情”（direct transference）。他认为，有一些病人甚至在第一次面谈就要求吃些东西、寻求直接性满足、想要分析师图书馆中的书籍、马上让分析师把孩子委托给他们（以一言蔽之，这就是要分析师此时此刻就对他呈现出独一无二和无与伦比的爱的最有形的确凿证据)；还有另一类病人是在长时间的分析之后才会提出同样的要求，同时还带着虚拟的成分；这两类病人是不能等同的。根据纽拉特的观点，这些特点是边缘性病人与性格神经症可分析性的试金石。关于与有着极度扭曲移情之爱的所谓的边缘性病人工作时的分析技术，冯纳吉（Fonagy，1991）提出了一个令人信服的概念："发展性的帮助"（developmental help），意指分析师主动参与病人的心理过程，旨在重新激活被抑制的（而非缺陷的）功能，有能力思考自己的心理状态，也能体会他人的心理状态。

参考文献

Bibring-Lehner, G. 1936. A contribution to the subject of transference resistance. *Int. J. Psycho-Anal.* 17:181–89.

Bion, W. R. 1962. *Learning from experience*. London: Heinemann.

———. 1967. Notes on memory and desire. *Psychoanal. Forum* 2:272–73.

———. 1978. Personal communication.

Blum, H. P. 1973. The concept of erotized transference. *J. Amer. Psychoanal. Assn.* 21:61–76.

Carotenuto, A. 1982. *A secret symmetry: Sabina Spielrein between Jung and Freud*. New York: Pantheon.

Chasseguet-Smirgel, J. 1988. Ein besonderer Fall: Zur Übertragungsliebe beim Mann. In *Zwei Bäume im Garten*. Munich: Verlag Internationale Psychoanalyse.

Eickhoff, F.-W. 1987. A short annotation to Sigmund Freud's "Observations on transference-love." *Int. J. Psycho-anal.* 14:103–09.

Eissler, K. R. 1958. Remarks on some variations in psychoanalytic technique. *Int. J. Psycho-anal.* 39:222–29.

———. 1982. *Psychologische Aspekte des Briefwechsels zwischen Freud und Jung* Jahrbuch der Psychoanalyse, Supplement 7. Stuttgart–Bad Cannstatt: Verlag Frommann-Holzboog.

Etchegoyen, R. H. 1991. *The fundamentals of psychoanalytic technique*. London: Karnac.

Falzeder, E., and Haynal, A. 1989. "Heilung durch Liebe?": Ein aussergewöhnlicher Dialog in der Geschichte der Psychoanalyse. In *Jahrbuch der Psychoanalyse* 24:109–27.

Ferenczi, S. 1930. The principle of relaxation and neo-catharsis. In *Final contributions to the problems and methods of psycho-analysis*, ed. M. Balint. London: Hogarth, 1955.

Fonagy, P. 1991. Thinking about thinking: Some clinical and theoretical considerations in the treatment of a borderline patient. *Int. J. Psycho-anal.* 72:639–56.

Freud, A. 1946. *The ego and the defence mechanisms*. London: Imago.

Freud, S. 1900. *The interpretation of dreams*. *SE* 4–5.

———. 1905a. Jokes and their relation to the unconscious. *SE* 8.

———. 1905b. *Fragment of an analysis of a case of hysteria*. *SE* 7.

———. 1907. Delusions and dreams in Jensen's "Gradiva." *SE* 9.
———. 1910a. *Five lectures on psycho-analysis*. *SE* 11.
———. 1910b. The future prospects of psycho-analytic therapy. *SE* 11.
———. 1912. Recommendations to physicians practising psycho-analysis. *SE* 12.
———. 1914a. On the history of the psycho-analytic movement. *SE* 14.
———. 1914b. Remembering, repeating and working-through (Further recommendations on the technique of psycho-analysis, II). *SE* 12.
———. 1916/17. *Introductory lectures on psycho-analysis*. *SE* 15–16.
———. 1919. Lines of advance in psycho-analytic therapy. *SE* 17.
———. 1925a. An autobiographical study. *SE* 20.
———. 1925b. Josef Breuer. *SE* 19.
———. 1926. The question of lay analysis: Conversations with an impartial person. *SE* 20.
———. 1933. *New introductory lectures on psycho-analysis*. *SE* 20.
———. 1937. Analysis terminable and interminable. *SE* 23.
———. 1938. A comment on anti-Semitism. *SE* 23.
———. 1975. *Sigmund Freud Studienausgabe: Ergänzungsband*. Frankfurt: S. Fischer Verlag.
———. 1960. *Briefe*. Ed. E. L. Freud. Frankfurt: S. Fischer Verlag.
Freud, S., and Abraham, K. 1965. *Sigmund Freud/Karl Abraham: Briefe, 1907–1926*. Ed. H. C. Abraham and E. L. Freud. Frankfurt: Suhrkamp Verlag.
Freud, S., and Andreas-Salome, L. 1966. *Sigmund Freud/Lou Andreas-Salome: Briefwechsel*. Frankfurt: S. Fischer Verlag.
Freud, S., and Breuer, J. 1893–95. *Studies on hysteria*. *SE* 2.
Freud, S., and Jung, C. G. 1974. *Briefwechsel*. Frankfurt: S. Fischer Verlag.
Gitelson, M. 1952. The emotional position of the analyst in the psychoanalytic situation. *Int. J. Psycho-Anal*. 33:1–10.
Goldberg, L. 1979. Remarks on transference-countertransference in psychotic states. *Int. J. Psycho-Anal*. 60:347–56.
Gombrich, E. H. 1967. *Art and illusion*. London: Phaidon.
Grubrich-Simitis, I. 1980. Six letters of Sigmund Freud and Sandor Ferenczi on the interrelationship of psychoanalytic theory and practice. *Int. J. Psycho-Anal*. 13:259–77.
Haynal, A. 1989. *Die Technik-Debatte in der Psychoanalyse: Freud, Ferenczi, Balint*. Frankfurt: S. Fischer Verlag.
Hirschmüller, A. 1978. *Physiologie und Psychoanalyse in Leben und Werk Josef Breuers*. Jahrbuch der Psychoanalyse, Supplement 4. Bern: Verlag Hans Huber.
Hoffer, A. 1991. The Freud-Ferenczi controversy: A living legacy. *Int. Rev. Psycho-Anal*. 18:465–72.
Jones, E. 1957. *Sigmund Freud: Life and work*. Vol. 3. London: Hogarth; and New York: Basic.
Kohut, H. 1971. *The analyses of the self*. New York: International Universities Press.
Kumin, I. 1985/86. Erotic horror: Desire and resistance in the psychoanalytic situation. *Int. J. Psycho-Anal. Psychoth*. 2:3–20.
Laplanche, J., and Pontalis, J. B. 1973. *The language of psychoanalysis*. New York: W. W. Norton.
Loch, W. 1981. Die Frage nach dem Sinn: Das Subjekt und die Freiheit, ein psycho-

analytischer Beitrag. *Jahrbuch der Psychoanalyse* 15:68–99.

———. 1991. Therapeutische Monologe—Therapeutik des Dialogs—Einstellungen zur Seele. *Luzifer-Amor* 4:9–23.

Loewald, H. 1971. The transference neurosis: Comments on the concept and the phenomenon. *J. Amer. Psychoanal. Assn.* 1954–66.

———. 1975. Psychoanalysis as an art and the fantasy character of the psychoanalytic situation. *J. Amer. Psychoanal. Assn.* 23:277–99.

Marcus, S. 1974. Freud und Dora: Roman, Geschichte, Krankengeschichte. *Psyche* 28:32–79.

Marcuse, H. 1966. *Repressive toleranz*. Edition suhrkamp 181.

Nerenz, K. 1985. Zu den Gegenübertragungskonzepten Freuds. *Psyche* 39:501–18.

Neyraut, M. 1976. *Die Übertragung*. Frankfurt: Suhrkamp Verlag.

Nunberg, H. 1951. Transference and reality. *Int. J. Psycho-Anal.* 32:1–9.

Person, E. S. 1985. The erotic transference in women and men: Differences and consequences. *J. Amer. Acad. Psychoanal.* 13:159–80.

Rappaport, E. 1956. The management of an erotized transference. *Psychoanal. Q.* 25:515–29.

———. 1959. The first dream in an erotized transference. *Int. J. Psycho-Anal.* 40:240–46.

Sandler, J.; Dare, C.; and Holder, A. 1973. *The patient and the analyst: The basis of the psychoanalytic process*. London: Allen and Unwin.

Segal, H. 1977. Countertransference. *Int. J. Psycho-Anal. Psychoth.* 6:31–37.

Sternberger, D. 1976. *Heinrich Heine und die Abschaffung der Sünde*. Frankfurt: Suhrkamp Taschenbuch.

Strachey, J. 1934. The nature of the therapeutic action of psychoanalysis. *Int. J. Psycho-Anal.* 15:127–59.

Szasz, T. 1963. The concept of transference. *Int. J. Psycho-Anal.* 44:432–43.

Winnicott, D. W. 1967. The location of cultural experience. *Int. J. Psycho-Anal.* 48:368–72.

论移情之爱：重访弗洛伊德

罗伯特·S. 沃勒斯坦[1]（Robert S. Wallerstein）

反复重读弗洛伊德的重要文献，即使是那些看似浅显易懂的论著，也能让人从中源源不断地获益，这已是精神分析领域的一个真理。带着这些年来理论与技术层面的新发展来重新评估那些文章，可以让我们了解到弗洛伊德之后的理论变革，也让我们惊讶地看到，不管如今的构建和论述是如何精细复杂，有些基本观念却能经得起时间的考验。

《移情之爱的观察》一文更是如此，这篇文章是弗洛伊德于 1911 ~ 1915 年间所发表的六篇技术短文之一，均收录在《标准版》的第十二卷中。这一组小论文，加上五个重要案例里隐含的技术规定，以及在《精神分析引论》《精神分析新论》和《精神分析纲要》（Freud，1940）中的某些章节，当然还有弗洛伊德晚年重要的摘要性的临床资料、重述与重新评估的文章:《有止尽与无止尽的分析》（*Analysis Terminable and Interminable*），这些文献加在一起基本上涵盖了弗洛伊德二十四卷宏大著作里全部的技术文章。

也许和其他技术文章相比，这篇移情之爱的文章在今天看来有些格格不入并显得过时，甚至有些幼稚，似乎仅在回顾学科发展历史时方才显得有所必要。然而，耐人寻味的是，这篇文章同时也给我们传递了我们职业生活的基石，一个被轻视或被忽略但会真实发生的危险。当然，实际上，以为这篇文章看上去很简单、其质量也是不言而喻的想法是自欺欺人的。这个主题（或至少是含义）并非单一的而是多面的，而且层层交织在一起。

---

[1] 罗伯特·S. 沃勒斯坦是美国精神分析协会和国际精神分析协会的前主席。他是旧金山精神分析研究所的培训分析师和培训督导师。

可以确定的是，这篇文章谈的是某种特别形式的移情发展——弗洛伊德将此称为“移情之爱”［其他人随后将其极端状态称为“情欲化移情”（erotized transference）］，这是一般的、可接受的“情欲性移情”（erotic transference）的一种更困难且病态的延伸，它也是对移情发展会带来的反移情危险的警告。这篇论文讨论了精神分析两个至关重要的技术原则：节制与中立，但并未相应对这两者做出清楚区分。最后，它陈述了一个当时困扰弗洛伊德、之后一直困扰精神分析的议题：如何看待并包容人类心理功能中同时存在的统一性与多元性——综合的统一性让我们在面对各种多元且矛盾的内在心理冲突可以保持人格的一致性。我们是该用二分法、二元论和对立论（大家都熟知弗洛伊德有此倾向）来看待这个问题，还是该把它视为一个谱系上移动的连续体，在一些重要的位置上会有结晶点（就如同弗洛伊德认为并宣称的正常与异常行为之间的基本连续体），或者该把它当作出处不同的某些行为表现的一个“补充系列”［例如：其中一个出处是《移情的动力学》（*The Dynamics of Transference*）（99n.）的注解中，弗洛伊德谈到素质与经验两种因素会叠加在一起对神经症结果产生影响］？

在展开讨论弗洛伊德移情之爱中的各个主题之前，我想先找到这篇文章给人过时和幼稚印象的根源。当然，事实上，弗洛伊德写这篇论文时，仿佛移情中的情欲总是（似乎）发生在情绪化的、歇斯底里的女性病人与男性分析师之间的成熟的、异性恋现象中，这些男性分析师如果“还很年轻、还没有紧密束缚的”，尤其容易激活和卷入反移情之中。另一个事实是，通篇文章以及同时期的其他技术文献均指出，这些强烈的移情表现是精神分析治疗过程中特定的加工品和产物，虽然弗洛伊德也在此文及他处（《移情的动力学》）中表示，移情在人类生活中无处不在，它塑造了我们日常生活中和非精神分析治疗中的行为与关系。在精神分析治疗中，移情的特殊性在于：它是治疗情境与心理焦点共同的产物，这种心理焦点被明确地表达为移情，这样它便可以成为解释活动的对象。此外，弗洛伊德的文章里还有一个明确的暗示，即这些移情（至少是强烈的或过度的移情）是（歇斯底里）神经症状态而非其他或所谓正常人的状态的标志。但这发生在弗洛伊德明确发展出其观念之前，它是从精神分析的角度去理解心理功能、理解我们称为正常和神经症的连续体的基石——这个观点是：我们的心理都是以比较的方式来运作的；我们都有内在冲突，这些冲突源于先天素质的成熟发展与后天经验起伏之间的互动；我们每个人都要找到一个最好的妥协之道，去解决那些生命发展任务与里程碑中不可避免的冲突（加上过程中发生的创伤事件与互动）；那些我们认为是神经症而非正常的解决之道，碰巧就出现在那些更不自然的、行为更混乱和症状更多的方式之中。

当代认为“移情之爱”幼稚或过时的最明显的一个原因在于弗洛伊德对移情现象的分类，对此的清晰陈述出现在《移情的动力学》之中。为了试着说明移情是如何成为分析中最顽固的阻抗，弗洛伊德在文中写道：

我们最终发现，如果我们单考虑“移情”，那么我们就无法了解移情是如何成为阻抗的。我们必须下定决心把“正性”移情和“负性”移情、喜爱移情和敌对移情区分开来；并且分开处理这两种对医生的不同移情。正性移情还可以继续划分为是可被意识到的友善的或热情的感情，还是延展至无意识层面的移情。关于后者，精神分析显示，它们总是可以回溯到情欲的源头。因此，我们会被带领着去发现那些可以说是我们生命当中好的东西：所有关于同情、友情、信任及此类的情感关系，均在遗传学上与性欲相关，而且是从纯粹的性欲望中发展出来的。

弗洛伊德试着把这些论述转成技术上的建议，他继续说：“因此，这个谜团的答案就是，只有在它是负性移情或被压抑的情欲愿望的正性移情时，对医生的移情才是对治疗的阻抗。如果我们通过意识化的方法‘消除’移情，那么我们只是在把情绪行为的这两个成分从分析师这个人那里剥离开而已；而被意识所接受的、无可非议的另一个成分，仍会持续存在，并能使精神分析得以成功，就如同其他的治疗方法一样。”正是这句关于无可争议的正性移情（unobjectionable positive transference）的话，引出了技术上的一些座右铭：“不要解释移情，除非它变成阻抗”；要“凌驾”正性（信任的、热情的、合作的）移情，诸如此类。同时，它也催生了关于治疗联盟（见 Zetzel，1956）或是工作同盟（见 Greenson，1965）的一系列文章以及反对观点（见 Brenner，1979；Curtis，1979；Stein，1981）。

在移情之爱的论文中，弗洛伊德的主要焦点是放在更“让人讨厌的”压抑的情欲性移情之上，它被视为一个核心阻抗，会让分析治疗因易发的反移情产生致命的危险。今天，我们不再用这种简单的二分法来说移情是负性的（敌意的）还是正性的（力比多的），或者后者又可再细分为升华的、不令人讨厌的（多数是意识上的）成分和一种直接与性相关的、阻抗的（多数是无意识的）成分。我们将很多（实际上是大多数）的心理现象看作连续体上的点，而非一个一刀切的二元状态，不论我们所讨论的是初始和次级的思维过程，讨论的是意识、前意识与无意识现象，还是关于本能驱力（本我）和行为中的防御-适应（自我）决定因子❶。

但是，弗洛伊德也看到了混合与连续体，并非全然地陷在二分法或非此即彼的思维。他写道，无意识的情欲性移情与更易被接受的、更能被意识到的“关于同情、友谊、信任及其他的情感关系”有遗传学上的关联，其中包含了一个分级和转变的过程。在1912年的论文中，弗洛伊德借用布洛伊尔的一个术语“矛盾”（ambivalence）来陈述各种移情表现的共存状况。

> 在可治愈的心理神经症中，我们发现它（负性移情）总是与喜爱的移情同时存在，而且经常同时朝向同一个人。布洛伊尔创造了“矛盾”这个精辟的术语来形容这种现象……“矛盾”在神经症患者的情绪倾向中，是他们有能力使用移情作为阻抗的最佳解释。在那些移情能力基本上只限于负性的案例中，如偏执狂的案例中（也就是在连续体系一端的极端案例），任何被影响或痊愈的可能也不复存在了。

当然，今天我们思考的方式是更复杂、更精细的。我们把病人在分析中每一时刻的移情位置视为主要是由病人经历过的特定的客体关系决定的，而且无论当时的那段关系中流动的是何种繁杂或困惑的情感，那刻的移情位置都有特殊的情感效价。

❶ 关于这个连接，参考 Rappaport 1960&Gill，1963 & Schur，1966.

现在，让我们转向移情之爱这篇论文对精神分析理论和实践的重大且持久的贡献。首先当然是标题上所显示的主题，即对新手精神分析师所面临的技术与道德危险的警告，这些危险可能源于分析师对病人真的“爱上了”分析师的感觉的错误技术和人之常情的回应，不论这是一种受反移情驱使的对相互关系的回应，还是相反地，为了持续治疗目的恳求病人去压抑或放弃这些情感的回应。这两种回应从技术层面而言都是错误的，没有为分析的目的带来产出，而且第一种回应在道德层面上也是错误的，这是对病人被移情强化了的脆弱性的道德剥削。弗洛伊德的规定——他发明的并一直是精神分析试金石的一个普遍的技术基础是——要把迸发的爱视为移情的表现，去解释和分析其中的防御（阻抗）和驱力成分。

弗洛伊德认为，有必要从他为数不多的技术文献中专辟一篇来规定这个议题，这显示了即使在精神分析的早期阶段，他就已经意识到这个问题对于恰当的精神分析实践的潜在的严重性——而不仅仅限于那些被他称为“还很年轻、还没有紧密束缚的男同事”。在那些案例中，他必然会记得布洛伊尔对安娜·欧的治疗，她在1880年开始的治疗引发了最早的精神分析思路，即“扫烟囱”的“谈话治疗”概念。弗洛伊德在《精神分析运动史》（Freud，1914）以及约瑟夫·布洛伊尔的讣文（Joseph Breuer，1925）中都暗示着这个想法。在《精神分析运动史》中，弗洛伊德写道:“现在我有充分的证据怀疑，在她（安娜·欧）所有的症状都缓解后，布洛伊尔一定从一些迹象中发现了移情的性欲动机，但他没有发现这个让人意外的现象的普遍特质，结果是在好像遭遇了一个‘不利事件’之后，他中断了进一步的探索。他并未跟我详细谈过这件事，但他每次谈的内容已足够证明我对当时事件的重构是对的。”

琼斯（Jones，1953）在《弗洛伊德传》的第一册里首先澄清了这个“不利事件”的本质并对此加以解释，同时对布洛伊尔在《癔症研究》（Freud & Breuer，1893-95；见 Strachey 的注解，SE2：40）中对这个案例的描述加以补充。琼斯描述，布洛伊尔对这位迷人的病人表现出强迫性的痴迷，而且他不停地把治疗当中一些戏剧性的状况讲给自己的妻子听，最终引起了妻子强烈的嫉妒，让她非常不快乐。布洛伊尔马上用实际的爱与罪恶感来弥补妻子的抗议，并仓促决定结束了对安娜·欧的治疗，而当时从很多方面来看，她确实看起来好多了。但就在布洛伊尔对病人宣布这个决定的当晚，他被召了过去发现她的病情全面复发，而且正处在歇斯底里的分娩（假性妊娠）痛苦之中。琼斯把它称为“幻孕的合理终结，这种幻孕是在对布洛伊尔帮助的回应中无形地发展出来的”。

布洛伊尔十分震惊，但他用催眠的方式让安娜·欧平静下来，然后他飞也似的逃离了那间屋子；隔天，他就跟妻子去威尼斯二度蜜月了。弗洛伊德在布洛伊尔的讣文中谈到布洛伊尔不愿发表这个案例，他说：

让人惊讶的是，在布洛伊尔这么聪慧的人身上竟有某种保守的特质、一种内在的谦虚，这让他把这个惊人的发现保守了这么久，以至于现在所有的一切都已不再是新闻了。那么，我有理由假设，还有一种纯粹的情绪因素让他对厘清神经症的进一步工作产生了厌恶。他遇到了一个一直存在的情形，即病人对医生的移情，但他未能抓住其过程的客观本质。在他受我的影响准备发表《癔症研究》一书时，他似乎肯定地评价了它们的重要价值。他告诉我：“我相信，那将是我们两个人不得不给予这个世界的最重要的东西。”

弗洛伊德自己对反移情的压力也无法免疫，在进一步讨论布洛伊尔对发表这些关于催眠、癔症（歇斯底里）和谈话治疗的思考犹豫不决时，弗洛伊德也克服了自己在遭遇一个真实苦难时的犹豫不决，琼斯（Jones，1953）写道：

渐渐地，弗洛伊德明白了布洛伊尔的犹豫与他和安娜·欧的混乱体验有关，我们在本章之前提到过这一点。所以弗洛伊德讲述了自己的亲身经历，曾经某个女病人突然出于喜爱之情伸出双臂环绕着他的脖子，对此，他的解释是，这种不利状况的发生可被视为某类癔症病人移情现象中的一部分。对于似乎很明显地把这样的状况视为与自己个人相关并谴责自己在处理病人时的轻率的布洛伊尔，这似乎有安抚作用。

艾克霍夫（Eickhoff，1987）在对弗洛伊德移情之爱论文的注解中，引用了弗洛伊德写给荣格的信（涉及荣格和斯比尔林的关系）中所提到的内容：这是种“伪装的祝福……我还好没有陷得那么深，不过也有几次差点脱不了身”。

但弗洛伊德所做的不仅仅是警告反移情可能无处不在的危险。在移情之爱一文中，他也试图把这种现象归于心理病理的范畴，来解释其有时覆盖性的强度和韧性。他将这种情欲性移情视作一种顽固的治疗阻抗：病人迫使分析师用反移情来付诸行动，从而与她共同将分析治疗的健康目的引向（不可避免地）“用爱来治疗”的神经症性目标。弗洛伊德认为，这是歇斯底里女性病人身上的一种特殊的移情现象，她们中的大多数人非常愿意接受分析——被那些理解这种情境并可以克制反移情性地付诸行动的分析师分析——除了“某一类型的女性，为了分析工作的目的，试图保留她们的情欲性移情而不去满足它，这样的方式是不会成功的。这些怀抱强烈热情的女性是无法接受替代物的。她们的本质就是儿童，不愿以心理来替代物质……对于这样的女性，分析师有两种选择：回应她们的爱，或者让一个女人把全部恨意都加诸他身上。在这两种情况下，分析师都无法捍卫治疗的效果。分析师不得不撤退，最后以失败而告终”。

顺便说一下，在所有这些针对病人与分析师的移情之爱的本质、条件与困难的讨论中，弗洛伊德并未提及一个补充的议题和危险：受冲动驱使的或无良的分析师对不幸病人的性剥削，这是一个当代所有精神卫生行业的专业文献均十分关注的问题。弗洛伊德只是理所当然地为当时的精神分析师设定一个伦理意图，正如他特别喜欢引用维舍（F. T. Vischer）的一句话：“道德是不言自喻的”（Hartmann，1960：121）。

弗洛伊德之后对移情之爱或情欲性移情和反移情行动化的危险的关注并不多，精神分析文献拓展了弗洛伊德所说的“怀抱强烈热情的……某一类女性”。恩斯特·拉帕波特（Enrest Rappaport，1956）将其发展成两个方向：驱力与自我。驱力方面与病人前俄狄浦斯期的、依赖的依恋渴望，也就是对养育者的口欲渴望的强度相关。自我方面与现实感的紊乱和移情幻觉中“好似”特质的消失相关，因此分析师实际上变成了被重新具化了的理想的［和（或）残忍的］父母，相应地它还涉及病人自我功能中的边缘性特质。这两组动态因素都满足了病人对其行为与态度的自我协调的坚定信念，分析师因不能真实地接纳病人的爱的宣言而被感知成一个顽固的、不体谅的人。拉帕波特说，这样的移情阻抗是如此的顽固，以至于通常情况下分析师的唯一办法就是把病人转介给其他分析师，有时候即使病人强烈抗议（在同一篇文章的后文中，他指出这可能只会再度激活畸形的儿时创伤）。

在之后的一篇文章中，拉帕波特（Rappaport，1959）引用了布里茨斯腾（Blitzsten）著名的不利预言，即当分析师以未经伪装的样子出现在病人初期的梦中时，预后效果可能不好。即使是分析过程得以继续，“分析从一开始就已经被情欲化了”，而且情欲性移情与儿童对父母的前俄狄浦斯和口欲的要求雷同。他补充道：“布利茨斯腾认为，必须在早期就修通情欲化移情，或者必须把病人转介给另一位分析师。”当然，很明显，这是一个立场的转变，从弗洛伊德所提出的性器期-俄期和成人之间的异性恋移情，到婴儿对母亲的前俄狄浦斯的口欲的移情（这种移情或许是“怀抱强烈热情的女性”背后的动力）。但很明显，弗洛伊德的论述不够清晰。

继拉帕波特之后，布卢姆（Blum，1973）对这个主题做了最全面的研究，他系统地拓展了这些首先由弗洛伊德隐约提出而随后拉帕波特清晰阐述的这些观点。布卢姆对情欲性移情（erotic transference）和情欲化移情（erotized transference）做了一个清晰的划分，情欲性移情指的是弗洛伊德所描述的可预期到的移情发展、诱惑和危机，而情欲化移情被布卢姆赋予了一些特征——会让人想起弗洛伊德所称的“怀抱强烈热情的女性”。布卢姆写到：“情欲化移情是情欲性移情的一个特殊类别，是连续体系上的极端区域。它是对分析师强烈的、鲜活的、不理性的和情欲上的占有，其特点是分析师的爱与性满足有显性的、看似自我协调的要求。这种情欲的索取在病人看来似乎不是没道理的或不正当的……现实感的紊乱可能是原始的，或者代表了一种退化性的改变。”布卢姆说，出现这种移情的病人，“就像是棘手的爱成瘾者”，因此他把这类病人在概念上（元心理学和疾病分类学上）与那些冲动性神经症和成瘾障碍的病人联系在一起。和拉帕波特一样，布卢姆认为这些人是比神经症更严重的病人，他们持续面临着现实检验感退化和移情性精神病急性爆发的威胁[1]。

说起驱力动力，布卢姆的描绘范畴比拉帕波特更为广泛。他描绘的范

[1] 参见沃勒斯坦（Wallestein，1967），他详细讨论了移情性精神病在那些比神经症严重但不是明显精神病的患者中的治疗进展，以及它与“癔症性精神病”的关联。

畴包括：一种可能的以夸张的异性恋情欲掩饰的同性恋动力；儿童期频繁的性诱惑和因父母未能提供适合发育阶段的保护和支持而带来的过度刺激；因父母的暴露癖而让儿童创伤性地经历原始场景以及侵入儿童隐私的情况；“例外的” 自恋；贪婪的口欲需要、黏着的依赖、对客体的饥渴（伴随着无法承受失望的脆弱感和防御性的抽离）；严重的施虐受虐倾向；带有严重的自我缺陷的色情狂；因现实与幻想中的失望和丧失客体或客体的爱而持续不断的复仇和修复。

相对于这种“好像是预期中的情欲性移情的某种扭曲形式” 的情欲化移情，布卢姆把能预期的情欲性移情视为“一个相当普遍的、强度和反复程度不定的分析阶段。 从喜欢的感觉到强烈的性吸引之间是一个连续体”。在此，布卢姆把这个连续体的概念与心理现象明确地联系在一起，这个观念已经成为现代精神分析思考的一个既定部分。 正如我们注意到的，弗洛伊德虽然一直受到可以让理论更清晰和更简洁的二元论与双极性的吸引，但他的思想终其一生都在朝这种观念演化。 布卢姆更坚定地锚定在连续体这个观念上，他说:“情欲化或是暂时的或是持久的，或是轻度的或是恶性的，或是可分析的或标志了自我的缺陷。 我不认为这些病人一定都是边缘型的或是精神病的。” 当然，他所说的从情欲性移情（更神经症性的、能受分析启发的）到情欲化移情（更严重的、较难从分析中受到启发的）的内容和连续体中的结晶点的概念是完全兼容的。

虽然布卢姆宣称，对恶性的色情狂或有严重自我缺陷的病人而言，“分析通常是不可能的”，但他又仔细地平衡了一下他的治疗预测:“爱上分析师并非治疗成功所必需的，而情欲化移情也未必就是分析失败的预兆。” 这句话的前半句暗示了当今修正主义者的观点，即退行性的移情神经症的完全显现、早期神经症交互作用的结果、 通过解释与洞见来彻底解决这种移情神经症，这些已不再是精神分析成功的必要条件了。 关于反移情的危害，布卢姆简单地重复了弗洛伊德的话:“反移情可以将移情的压力转变成共同的情欲幻想或惊慌失措的逃离。 它可以在分析师实际的诱惑性回应中锚定病人的幻想和移情反应。 分析会在接受反移情的捕获中而停滞。” 在一篇对弗洛伊德文章的注解中，艾克霍夫（Eickhoff，1987）谈到了弗洛伊德所强调的一种临床类型，即“那些要求在移情中获得直接满足而不考虑虚拟成分的病人” ——再一次失去了“好似” 特质的保护功能。他觉得弗洛伊德似乎在这里要把这种情况含蓄地描述成“移情的妄想形式”。

所有这些改变，从歇斯底里-俄狄浦斯到前俄狄浦斯的口欲需求以及口欲依赖，从神经症到比神经症更严重的边缘型和移情性精神病，从一位女性（神经症的）对男性的爱的需求到更病态的和（或）更早期的像婴儿和儿童那般对“包容和支持的父母” 的更强烈的需求——所有这些都可被看做是弗洛伊德移情之爱一文中观念的重要延伸，或者说是对其中一些暗含想法的清晰演绎，尽管这些想法在弗洛伊德日后的学术生涯里也清晰地呈现出来了。当然，关于弗洛伊德的每一个精彩个案都涌现了大量的研究文献，多数文献中的一个重要主题一直是去识别病人性格功能中比神经症更病态（即：更边缘的）的证据——对此，弗洛伊德虽未明确提出分类但却使之成为可能——尽管表面上的论述焦点是放在更为典型的神经症性特质上。

很巧的是，这个观点可以与蔡策尔（Zetzel，1968）提出的针对所谓癔症病人的精神病理学与精神分析治疗范畴相提并论。在她的论文《所谓的好癔症》（*The So-Called Good Hysteric*）中，蔡策尔把癔症的性格形成与症状表征分类为四个主要结晶点：起点是那些性器期-俄狄浦斯水平的、有着三角关系固着和经典癔症功能、癔症特点的病人，另一端的终点是，口欲固着占主导的、对两性客体缺乏有意义的且持续的投入、天生无法有意义地区别出外在与内在现实、且分析工作几乎对其无效的病人。这个连续体所涵盖的病人，几乎与布卢姆在 1973 年文章中所描述的病人以及弗洛伊德在 1915 年移情之爱论文中含蓄描述的病人雷同。通过这样的方式，我们建构和超越了弗洛伊德的传奇，同时又让他的工作和思想与我们同在。

弗洛伊德论文中的另一个主题，也是这篇论文被定义为一篇技术规范和伦理警告的原因，就是精神分析方法的基石“节制原则” 或中立。正如艾克霍夫（Eickhoff，1987）指出：“自弗洛伊德（1915）的论文《移情之爱的观察》 发表以来，我们都知道（分析师）拒绝行动暗示是节制原则的核心部分。” 实际上，弗洛伊德在这篇论文中曾使用过“中立” 这个词一次，“节制” 这个词三次，好像它们的意义是可以互换的。举例说明：“因此，我认为，我们不该放弃对病人的中立，这一点要通过我们持续检验反移情才能保持”；“治疗必须在节制下进行。在此，我并非单指身体上的节制，但也不是要剥夺病人所有的欲望，因为或许这对一个生病的人来说是难以忍受的。相反，我会说这是一个基本原则，也就是说病人的需要和渴望应该被允许持续存在，这样，它们可以成为推动她接受治疗和做出改变的力量”（纯粹从比较的角度来看，节制这个词有第三种含义）。

这篇文章所写的时间，与弗洛伊德在《梦的解析》（Freud，1900）的第七章中所提出的心理功能的地形学说是同一个时代，比《压抑、症状与焦虑》（*Inhibitions*，*Symptoms and Anxiety*，1926）把这种心理功能重塑为本我、自我和超我的三部分结构模型学说早了10年。正是这个结构模型为区分紧密关联却又不完全相同的两个概念即“节制”与“中立”建立了合理的概念基础。诺威（Novey，1991）在一篇文章《精神分析师的节制》（*The Abstinence of Psychoanalyst*）中对这两种划分做了清晰和简洁的陈述。她首先陈述，这两个概念在精神分析文献中是模糊且令人困惑的，然后她说：“‘中立’这个词，虽然在弗洛伊德（1915年或1914年）发展出结构理论之前其用意几乎等同于节制，但之后它通常是指某‘与本我、自我及超我等距’的一个位置（A. Freud，1936：30）。然而，节制这个词却有力比多的含义，指的是力比多驱力的满足或受挫折。”❶ 也就是说，在中立的情况下，分析师要避免与驱力或自我或超我的压力或责难结盟。诺威将此与拒绝满足病人的力比多驱力（或满足受挫）对比，而且她本还应该加上攻击驱力。这两个概念都涉及了技术和人性危险的不同方面，其代表形式就是针对分析师的挑战——移情之爱。正如艾克霍夫所说，虽然这些年来对节制、满足和挫折的意义及运用有诸多重要的新思考❷，亚历山大（Alexander）也提出了分析中的“矫正性情绪体验”（corrective emotional experience）来质疑中立技术的价值❸，但

---

❶ 安娜·弗洛伊德（Anna Freud，1936）将分析中立技术放在结构框架下考量的完整论述是：“他（分析师）将自己的注意力平均和客观地分散在这三个机构中的无意识元素上。换句话说，他在做启蒙工作时，他把自己的位置放在一个与本我、自我和超我相同的距离。”

❷ 斯通（Stone）1961年的文章《精神分析的位置》（*The Psychoanalytic Situation*）在这个方面做了最微妙和完整的阐述。

❸ 参考沃勒斯坦（Wallerstein）1990年的文献可以了解“矫正性情绪体验”在当代的新含义。

所有的一切都起源于移情之爱这篇论文，而且这始终都是精神分析技术中的组成成分（见 Alexander & French，1946）。

我要讨论的弗洛伊德论文的第三个方面，即经不起时间（和扩展经验）的考验。这来自于弗洛伊德在《移情的动力学》一文中对移情现象的分类体系：把移情整齐地划分为负性移情与正性移情，并进一步把正性移情区分为（压抑的）情欲性移情与所谓的“无可争议的正性移情”。弗洛伊德一开始把负性移情和情欲性移情，不管是压抑的或未被压抑的，都视为一种需要明确的解释性关注的阻抗。在两者之中，负性移情会较少地（或较不明显地）引起共谋的反移情要求，从这个意义来看它不会给分析师造成较大的技术难题；因而，移情之爱这篇论文的特别焦点在于会给分析工作和分析师造成特别困难的情欲性情绪集群，特别是对那些“还很年轻，还没有紧密束缚的人”，以及从更广泛的角度来说那些经验不够丰富的人而言。

弗洛伊德在《移情的动力学》中明确阐述且在移情之爱的论文中暗示：“无可争议的”正性移情可以被视为一种能接受和能利用的而非需要分析关注的现象，除非它变成了一种阻抗。我们可以假设，这种阻抗会因染上负性的色彩或引出被压抑的早期情欲根源而逐渐呈现出来——弗洛伊德已经在某个程度上假设了一个连续体：从最古老的、性欲的和压抑的，到最升华的、去情欲的和可被接受的连续状态。更精确地说，他已经想到了古老形式的各种升华变体，以及正性色彩与负性色彩的矛盾的混合体。

正是这个把移情分为三种的分类（其中两种是明确需要分析解释的阻抗，一种是“无可争议的”）引出了那样的技术规定（一直以来被视为理所当然的，至少在自我心理学的文献里是这样）：让移情自然展开，不诠释，直到它表现出阻抗的色彩，这不是说尽可能长时间地“凌驾”于正性移情之上，而是说有时候要允许它保持一种基本不被审视的状态，因而在整个分析过程中便保持了不被改变的状态。这种思想推动了蔡策尔（Zetzel，1956）开创的治疗联盟以及和其相关的或者说类似的由格林森（Greenson，1956）开创的工作同盟方面的研究发展，同时，也促进了一个更庞大的体系，即受精神分析影响而衍生出的精神动力学的研究发展，从精神动力学看来，治疗联盟的构建已几乎成为一个具象化的实体，是治疗成功的条件也是保障。这最后孕育出一个实证心理治疗的专业文献研究领域，此研究致力于测量治疗联盟的“力量”，将此评估与治疗的过程和结果联系起来，并制订相应的干预方法来强化治疗联盟以改善治疗的预后效果。

当然，关于这些理论与技术发展，也有另一种不同的声音：有一系列反对的文献质疑这种将治疗联盟和移情视为精神分析演化过程中两个独立的、必要的、互补的和相互作用的分类的临床实用性。若去讨论这个争论的优缺点则无疑是跑题了；我在此提及这个问题只是为了再次说明，弗洛伊德为数不多的这组技术文献中蕴含的原创性洞见对理论与临床有多么丰富的指导作用。为了我的目的，我只聚焦在一篇重要的文章上，即斯坦（Stein，1981）的《移情中无可争议的部分》（*The Unobjectionable Part of the Transference*）。在支持那些质疑声音的同时（“我想分享一下……我对这个概念实用性的担心，甚至更严重的是，我担心它会误导我们不去注意一些重要的移情元素，还会阻碍我们对弗洛伊德所说的‘无可争议的’成分的本质的研究”），这篇文章特别强调的并非是假定的观念或技术上的实用性，而是上述引言最后一部分说的会“阻碍”或阻断揭开甚至是最无辜或最平常的（确实是友善和妥当的）移情元素的动力与遗传原因，进而限制分析工作的透彻性。若按这样的方式，斯坦的论点也几乎变得无可争议了，因为即使是那些狂热支持治疗或工作同盟实用性的人会承认这个现象也承载了某些意义和发展的动力，它的阐明将丰富对病人心理生活来源的分析性发现。

斯坦在写论文时描绘了一个“好病人”甚至是“理想的分析病人”应有的特质组合，一看就能辨明的一种性格特质。这样的病人“并非我们在实践中遇到的多数，但（他们）也绝不像某些人认为的那么罕见”。他们是一般的神经症患者，有着可以清晰界定的典型的神经症疾病的特征；他们在玩分析游戏时聪明绝顶、能言善道、积极配合——能自由联想，会尊重和思考解释，并且能发展一些洞见来展开和扩大生活史。这类病人多数呈现出来的正是弗洛伊德所说的无可争议的正向的、喜爱的移情。斯坦发展出的一个明显危险，是一种互相仰慕且诱惑的移情与反移情的互动游戏。斯坦这么说：

人容易陷入一个由互相取悦、欣赏与智力竞争所主导的舒服情境里。因此，有可能这样的病人会激发分析师对移情中那“无可争议的”成分的回应。他发现自己好像会把这个病人当作是最喜爱的一个小孩，自己的方式是和善且保护性的，并会以病人的成就为荣等。

当然，这会带来某种严重的分析不彻底的风险。

一般来说，让人奇怪的是这种正性的、显然是非情欲性的移情在维持顽固的阻抗——不仅是对去除抑制的阻抗，也是对探索和发现隐藏的藐视和报复的阻抗——中所扮演的角色。看起来无可争议的部分可能会在一段时间之后成为移情神经症里最困难的部分。

这里有一段总结性的论述：

接受一个现象是基于现实的、没有冲突的、只是自我表征的是一回事，把它更合适地视为一组复杂的相对力量的浅层表征，而这些力量多数是在意识觉察之外运行且迟早需要在分析过程中被解释的，这两种看法是截然不同的。

后来，很多修改和拓展也是针对弗洛伊德的这个技术建议的，因为我们今天对此的理解更为广泛和精细，修改和拓展也是出于优化的目的。弗洛伊德在描述了移情中无可争议的部分之后，继续在下一篇技术文章中（Freud，1913）说道：“只要病人的沟通与想法毫无阻碍地在持续运作，就无需触碰移情的主题。”对此斯坦的评论是：“我断言，若我们谨守弗洛伊德原则（Freud，1912）的字面意思，要分析解决移情神经症这个比抽象概念更必要的问题，将是不可能完成的任务。”这里的关键词是“字面意思”。在此，可以确定的是，我们想起了在一个特定的历史发展矩阵中建立起来的规定，而这个矩阵不应该只从字面意思上来理解。每一个学科当然都会成长并超越，即使是最伟大的贡献者。弗洛伊德让我们无比崇敬的是，他单枪匹马地完成了心理功能科学的结构，以及一个可以让我们添砖加瓦和多方扩建的地基。

现在，我似乎偏离了移情之爱论文的中心论点，那就是，如果处置不当，某些不利的移情发展症状会给病人带来不愉快的后果，更别提分析师了；此外，在精神分析如此艰难地争取合法地位的早年，在弗洛伊德的心中，此文有一个目的，那必然也是为了让大众接受精神分析是一种有效的治疗方法。当然，我可以辩解说，所有讨论技术的文章本质上都是交织在一起的，要完整了解其前提与技术规定的脉络，每一篇都是必需的；而且我可以再进一步辩解说，无论是以前瞻的形式或以更进一步发展的潮流来看，我所涉及的每一个讨论都在移情之爱这篇文章中至少可以说是含蓄地表达了。至少我希望我已经合理地、有说服力地达到了那个效果。这篇文章无疑在弗洛伊德的论文当中占据了一席之地，这也是此系列的图书定期对其进行反思更新的原因。

参考文献

Alexander, F., and French, T. M. 1946. *Psychoanalytic therapy: Principles and application*. New York: Ronald.

Blum, H. 1973. The concept of erotized transference. *J. Amer. Psychoanal. Assn.* 21:61–76.

Brenner, C. 1979. Working alliance, therapeutic alliance, and transference. *J. Amer. Psychoanal. Assn.* (Suppl.) 27:137–57.

Curtis, H. C. 1979. The concept of therapeutic alliance: Implications for the "widening scope." *J. Amer. Psychoanal. Assn.* (Suppl.) 27:159–92.

Eickhoff, F.-W. 1987. A short annotation to Sigmund Freud's "Observations on transference-love." *Int. Rev. Psycho-Anal.* 14:103–09.

Freud, A. 1936. *The ego and the mechanisms of defense*. New York: International Universities Press, 1946.

Freud, S. 1900. *The interpretation of dreams*. *S.E.* 5.

———. 1912. The dynamics of transference. *S.E.* 12.

———. 1913. On beginning the treatment (Further recommendations on the technique of psycho-analysis, I). *S.E.* 12.

———. 1914. On the history of the psycho-analytic movement. *S.E.* 14.

———. 1925. Josef Breuer. *S.E.* 19.

———. 1926. Inhibitions, symptoms and anxiety. *S.E.* 20.

Freud, S., and Breuer, J. 1893–95. *Studies on Hysteria*. *S.E.* 2.

Gill, M. M. 1963. *Topography and systems in psychoanalytic theory.* Psychol. Issues 10. New York: International Universities Press.

Greenson, R. R. 1965. The working alliance and transference neurosis. *Psychoanal. Quart.* 34:155–81.

Hartmann, H. 1960. *Psychoanalysis and moral values*. New York: International Universities Press.

Jones, E. 1953. The life and work of Sigmund Freud. Vol. 1. New York: Basic.

Novey, R. 1991. The abstinence of the psychoanalyst. *Bull. Menn. Clinic* 55:344–62.

Rapaport, D. 1960. *The structure of psychoanalytic theory: A systematizing attempt.* Psychol. Issues 6. New York: International Universities Press.

Rappaport, E. A. 1956. The management of an eroticized transference. *Psychoanal. Q.* 25:515–29.

———. 1959. The first dream in an erotized transference. *Int. J. Psycho-Anal.* 40:240–45.

Schur, M. 1966. *The id and the regulatory principles of mental functioning.* New York: International Universities Press.

Stein, M. H. 1981. The unobjectionable part of the transference. *J. Amer. Psychoanal. Assn.* 29:869–92.

Stone, L. 1961. *The psychoanalytic situation.* New York: International Universities Press.

Wallerstein, R. S. 1967. Reconstruction and mastery in the transference psychosis. *J. Amer. Psychoanal. Assn.* 15:551–83.

———. 1990. The corrective emotional experience: Is reconsideration due? *Psychoanal. Inq.* 10:288–324.

Zetzel, E. R. 1956. Current concepts of transference. *Int. J. Psycho-Anal.* 37:369–76.

———. 1968. The so-called good hysteric. *Int. J. Psycho-Anal.* 49:256–60.

对弗洛伊德《移情之爱的观察》的五个解读

罗伊·谢弗[1]（Roy Schafer）

就像弗洛伊德其他的天才之作一样,《移情之爱的观察》一文也是视野广阔、理解深刻，强而有力地挑战了传统的思考模式。但这篇文章太短，简洁的代价就是只能用介绍或概览的方式来处理每一个重要的议题。此外，它也算是一篇比较早期的作品。因此，它需要澄清、扩展、合并各种主张，解释其中含蓄或潜在的内容，重思它的方法论和认识论。为了满足这个需要，我们应该在这篇文章发表75年后的今天表达我们当代精神分析师的观点；我们不应该只考虑弗洛伊德“当时心中的想法”，因为这个主题对所有分析师而言在现在以及以后都是需要重点关注的。

我将从五个视角解读《移情之爱的观察》这篇文章。这些解读互为补充，每一个都涉及弗洛伊德文章中的不同方面。有时候，我的解读会强调这篇文章的主要贡献；有时候，则是强调它的局限及其争议。这篇文章有难点，可能是因为它写于精神分析发展比较早期的阶段，又或许因为弗洛伊德的一些哲学、社会学与个人的倾向、价值观以及偏见。我把五个解读分别起名为“传统边界的废除”、“情欲性移情的处理”、“反移情”、“弗洛伊德的父系视角” 和“实证主义、观点主义与叙事”。

传统边界的废除

即使在今天，大多数人仍然会将正常与不正常、儿童与成人、精神分析

---

[1] 罗伊·谢弗（Roy Schafer）是哥伦比亚大学精神分析培训和研究中心的培训分析师和培训督导师。

与“现实生活”清晰地划分开来。我说的“大多数人”不只限于一般的大众与接受治疗的病人，还包括许多助人者。二分法的思维方式有很大的好处，它可以满足简洁和结构清晰的需要。我们在许多地方都看到弗洛伊德也是喜欢二分法的（举例来说，疼痛-愉悦、快乐原则-现实原则、生本能-死本能）。

不过，弗洛伊德著作的杰出之处就在于，它们能从根本上持续地挑战传统观念。弗洛伊德摒弃了简单的传统二分法，稳步地识别和阐明过渡现象、转化和改变的动力学：追溯旧事物在新事物中的遗留而不否认新事物；从程度上而非种类上来展示思考的益处；认为人类处于混合的、内心矛盾或冲突的位置。举例来说，在《梦的解析》(Freud，1900）中，我们看到他强调心理状态在清醒与睡眠中的连续体；在《性学三论》(*Three Essays*，1905b）中，他反对任何将性倒错与正常性活动一刀切的分法；在一些关于性欲的文章，如《论本能的转化——以肛门情欲为例》(*On Transformations of Instinct as Exemplified in Anal Erotism*，1917）中，他把心理性欲的发展处理为一系列的转化而非一些线性的阶段，并以最细致的方式将这些阶段交织起来。因此，没有必要再停留在弗洛伊德不接受正常与不正常之间绝对区分的想法上了，而是要看他所强调的这些同样的基本问题既塑造了正常人也塑造了神经症患者的生活❶。

许多反对弗洛伊德工作的人这样做是因为，他们把弗洛伊德对随时间而不断转化的持续性误解为单纯的还原论。比较典型的做法就是，他们根据自己的需要断章取义地引用弗洛伊德的著作和思想。当他们以这样的方式来支持自己的反对意见时，他们看不到弗洛伊德以令人振奋的方式打破了那些主宰了他所处时代的心理知识建构的传统。

我们可以在《移情之爱的观察》中找到这种对各种不同传统观念的突破。为了特别强调，我选了一个小的片断，在我看来，弗洛伊德在这篇论文里所做的突破最令人印象深刻和清晰可见。从狭义上来看，那就是打破了移情之爱与“真实之爱”间的界线；从广义上来看，则是打破了分析关

---

❶ 在其他的地方（1970)，我曾认为，弗洛伊德从未真正地摆脱二分法的思维方式。在那里，我试图证明，是海恩兹·哈特曼更系统和更充分地发展了弗洛伊德分析思维的一些自由度。期望弗洛伊德仅靠一己之力就完成所有的工作也是不合理的。

系与“现实” 关系间的界线。

在这篇论文里，弗洛伊德似乎在一段时间内对自己提出的这种技术观点比较满意，即移情之爱必须被视为一种不真实的东西，也就是说，一种不合理的、被无意识激起的被压抑的欲望与冲突的重复，并以阻抗的形式出现。但开始深入论证时他停下来了，凭借着他孜孜不倦和自我质疑的天赋，他挑战了自己提出的这种移情之爱是不真实的看法。 他似乎认识到自己过分着迷于技术上的差异，以至于丧失了他所坚持的心理生活连续状态这一宝贵的视角。他恢复了自己的高瞻远瞩，继续假设正常的爱与移情之爱之间的差别不是那么大，这种差异至多是一种度的差异，从技术上而言，将此牢记心中并去解释移情之爱夸大和不真实的特点是很有帮助的，但是在这么做的同时不应限制我们的认识，那就是正常的爱同样也有很多不真实的方面。像移情之爱一样，正常的爱也有许多婴儿期的原型，它也是重复的、理想化的、充满着冲突的移情，它也是一种复杂的混合体，而不只是一种崭新和纯粹的体验。

在提出这种爱的定位时，弗洛伊德实际上同时假设了三个基本的连续体：婴儿与成人之间、正常与神经症之间（理性-现实与不理智-不现实之间），以及精神分析与现实生活之间。其中最后一项可以被视为精神分析在理解整体人格及其在人际关系中的发展的一个巨大飞跃。我刚刚提到的一些其他重要的连续体如心理发育、精神病理和治疗过程等已经在弗洛伊德的思想中酝酿了一段时间了。

虽然我们可以从弗洛伊德先前的著作中拼凑出线索来证明他已经完成了这些解释性的结论，认为爱就是移情，移情就是爱；虽然我们也可以声称，他业已在其他著作中传递出这样的见解了，但我认为，我们在追溯这个过程时可能会把一些隐性和片段的知识误解成一种在发展和整合情境下所提出的明确信念。再者，我们可能会忽略弗洛伊德在《移情之爱的观察》一文中个人的全新的觉察，忽略他对此的强调以及他意图对爱情和精神分析过程理论进一步深化的兴趣。

尽管这篇文献有诸多的优点，但就整体而言，可以说它是含糊不清且不够完整的。他呈现出的移情之爱既是不真实的又是“真实的”，他给出的技术建议是，应该把它仅仅视为不真实的，即使它本质上也是真实的。为了技术上的目的，移情之爱被视为一种重复，只是早期爱的一个“新版本” 罢了。然而，又因为它与真正的爱之间的连续关系，我们的分析方法可以或应该允许新的依恋，也就是说，允许被分析者把分析师当作“新客体” 来连结。

很久以后，当里奥瓦多（Loewald，1960）谈论精神分析的治疗行为时强调的就是这个点。里奥瓦多的焦点在于分析可能会带来的新的、更高水平的组织上，以及可以造成结构改变的自体体验和与他人关系体验的新模式的可能性上。这种新的关系模式以及对自体和他人的体验，不再因为原始的怀疑、抑郁、矛盾以及其他的状况而保持在一种过度僵化的或不稳定的或湮没的或冷漠的状态。在这样的情境下，一个人可能会遇到“新” 客体并因而体验到“新的” 爱。

不过，在这点上，弗洛伊德明显在保持沉默。出于对弗洛伊德聪明才智的尊重，我想在这篇警告那些年轻的、没有经验的，或甚至未接受过分析的分析师不要被误导、不要被病人宣称的新的爱所迷惑的文章中，他决定不去研究这“新的” 爱带来的理论难题。弗洛伊德无疑是正确的，他坚持认为，适当超然的分析态度中的任何松懈，都可能会让分析师在分析过程中轻易地滑入一个在伦理与治疗上妥协的角色。今天，我们比以往任何时候都更清楚，治疗师是多么容易与病人产生恋情，或至少有性接触的。在大众警惕的眼神中，这些丑闻不再是偶发或单一的事件。更为常见的是，在情绪上被病人迷惑但未在性上做出回应的分析师依旧对如何有效地解释病人冲突的爱一筹莫展。

然而，我们无法确定弗洛伊德对治疗关系中“真实” 的爱不置一词的实际原因。因此，我们必须允许另一种说法，那就是，1915 年时弗洛伊德可能在个人与理论方面都没有做好准备来进一步思考移情之爱对精神分析技术和过程的真正意义。当我思考弗洛伊德对技术和反移情的讨论和评论有父系倾向时，我将会再回到弗洛伊德尚未做好个人准备的观点。关于他在理论上还没准备好这一部分，可以从弗洛伊德在发展其中心思想的热情中推论出，他意识到移情之爱当中的真实元素，将会或可能会中和他所不断强调的

“现在是由过去所决定” 的观点。这种决定论可从强迫性重复、移情、付诸行动，以及不可消除的婴儿期无意识的其他迹象中可见。除了经济学的解释之外，他的首要任务是展示人类生活随时间变化的无意识的连续体。

与此相关的另外一个限制因素可能在于历史情境的考量。1915 年，弗洛伊德尚未发展出他的自我心理学，正如哈特曼（Hartmann，1939&1964）日后所强调的，这确实给新的思想和自主思想提供了理论上的空间，而且这么做也不会否定弗洛伊德理论中决定论与连续体的前提地位。

情欲性移情的处理

弗洛伊德反复体验到自己面对女性病人充满情欲的浪漫情感与需求。某些女性比较明显地表现出这些情感与需求，而其他人似乎只是表现出一些细微的迹象，并与此相反急迫地努力与其斗争或进行防御，虽然这通常是无意识的。其独特之处在于，为了我们所有人无论是分析师还是被分析者的长期福祉，弗洛伊德开始探究我们可以从与这些情绪发展的工作中学到什么。这些现象会揭示出被分析者心理生活深度和其神经症根源中的哪些信息呢？

弗洛伊德从两个方面来看待这些女性被分析者迸发出来的浪漫和热烈的情感和需求。一方面，它可以是一种阻抗，当它把病人的压力施加给分析师要将分析关系变成爱情绯闻时：通过诱导这种从心理领域到身体层面的转变，她可以用神经症的活动取代治疗性回忆。弗洛伊德解释说，用相同的手法，她可以把分析师从关系中权威者的位置上给“拉下来”，同时向她自己证明，治疗是危险的，阻抗是正当的。另一方面，弗洛伊德认为，这个服务于阻抗的治疗关系的情欲化是通往被分析者被压抑的早期力比多欲望与冲突的大门。一旦被分析，这个阻抗的策略就会暴露出她无意识坚持的“爱的先决条件” 以及“她在恋爱状态下的所有详细特质”。从这个角度来看，移情之爱就像梦一样：一方面，它有一套复杂的伪装；另一方面，它又是通往治疗中必要的儿童期记忆的坦途。弗洛伊德希望通过这些记忆向被分析者展示她神经症的根源及驱力，与此同时也向全世界展示他的理论是正确的。

我们看到，弗洛伊德把情欲性移情视为一种中断分析的方式，而这是由那些治疗的必需因素无意识推动的。如果这样理解的话，把移情之爱作为一种对立面来分析具有宝贵的价值。下面这句话很好地透露了弗洛伊德的意思："唯一真正严重的困难……在于移情的处理。" 弗洛伊德强调，分析师要完成这个细腻的工作，需要在心中牢牢记住这种移情之爱是分析情境本身创造出来的。它是观察场域和方法的一个产物，而非一个人对另一个人单纯的和直接的反应；换言之，没有理由期待分析师本人是具有移情效价的。

我们来看看弗洛伊德的一些明显的错误暗示：在他看来，被分析者无论在形式上还是内容上，都有可能通过移情之爱无意识地与分析师合作；具体来说，他们把它作为一种交流方式，而非一种有意识的回忆和言语的陈述。他的注意力仍然集中在相反的观点和如何去克服其不可访问性上。

今天，我们面临着移情之爱一种特别的、被情境激发出来的防御功效：一些女性因为对精神分析一知半解，在进入分析时坚信自己会爱上她们的男性分析师；如果她们没有爱上男性分析师，在她们看来这只能说明自己是坏的、反抗的或者不适合的被分析者。在这些案例中，分析师必须首先找到机会向她们解释"好" 与"坏" 的冲突以及她们对自发性的恐惧，这对她们来说是精神分析尚未涉及的领域。然而相反的是，在 1915 年，弗洛伊德不得不关注那些经验不足的分析师：他们会鼓励被分析者去爱上自己，或至少认为有必要提醒她们会有这样的可能性。

在这篇论文中，弗洛伊德试图说明要克服情欲性移情中的阻抗需要不断依赖于解释，但是，他似乎也依赖理性的辩论与施压。举例来说，他似乎准备好要与被分析者去辩论她的爱的不真实性，假定她对分析师的爱若是真正的爱，她将会顺从而非反对。在这种论述里，虽然弗洛伊德指出分析师的耐心有多么重要，但他在某种程度上是一个理性主义的技术人员，他的工作更接近于连续体中理性说服的一端而非是情感的那端（Schafer，1992：chap. 14）。虽然我们欣赏这一事实：弗洛伊德刻画了情欲性移情的某种极端状态，而且也恰当地关注了如何避免让治疗有一个不合时宜且双方均感到痛苦的结束，但是当进一步思考时，我们也会发现，这一事实本身就是一种反对或至少不那么依赖理性解释和劝诫的论证。而且，弗洛伊德自己在论文开头部分也强调，对于这类热门的话题，人们对理性的解释置若罔闻。对于弗洛伊德的这一点，我们还可以做点补充，这些解释和劝诫通常来说只会火上浇油，对被分析者来说还会在某种程度上证实分析师对她有情感依恋的移情幻想。

弗洛伊德在对待理性与压力这个问题上的摇摆不定，暴露了他个人对于移情之爱的不安，我马上就会讨论到这个部分。不过，首先我们必须先回到那个弗洛伊德是否已做好理论上的准备来把真实的爱纳入移情的概念之中。《移情之爱的观察》比弗洛伊德以发展的形式提出自我心理学早近十年的时间。在 1915 年的时候，他依旧相信压抑的解除以及早期记忆的恢复，即“让无意识成为意识”是治疗过程中最基本的疗效因素。这个信念的理论基础是心理地形学说。不过，这必然会把技术导向一个既压迫又理性的方向；它会让被分析者更容易阻抗，而且过分依赖意识上的理解来获得掌控。

与此相对的是，弗洛伊德在之后的结构学说中强调了修正防御、减轻超我的压迫以及总体上强化自我的必要性：“哪里有本我，哪里就会有自我”(Freud，1923)。到那个时候，弗洛伊德已经意识到整个人格都与神经症问题相关。因此，他做出了一个重大的调整，将重心转向了能够引起整体心理深远和持久改变的基本要素：基于情绪体验的洞见。这个情绪体验的新角色超越了移情之爱本身的情绪，那是一种只存在于完善的结构脉络之中、需要通过不断解释生命历程中的重复发展出来的体验。这个从地形学说到结构学说的转变奠定了 1915 年以后许多精神分析技术发展的基础；这个转变中特别要注意的是，分析师会持续深入地去为移情解释做准备，而非像看起来的那样直接去解读无意识。

当把弗洛伊德的思想放到历史情景中来考量，我们也必须对未来的暗示有所警惕，因为从某种意义上来说弗洛伊德一直在超越自己。在《关于心理功能两个原则的公式》(*Formulations on the Two Principles of Mental functioning*，1911)、《论自恋》(*On Narcissism*，1914)、《哀悼与忧郁》

[*Mourning and Melancholia*，1917（1915）]这些论文中，他看起来已经在收紧自我的正式理论了，这会导致一个关于理性压力的决定性突破和对持续解释的转向。

同时，这种前后不一或摇摆不定还持续存在，我们一定会对《移情之爱的观察》中花了多少篇幅去警示那些年轻的、无经验的或未被分析的分析师不要因为诱惑而屈从于病人的恳求而印象深刻。不过，对于弗洛伊德而言，他更关注的是去强化医生的伦理责任感。他不仅督促分析师不要用实质性的回应以免丧失自己的公众尊严和治疗权威，而且还从中去发展通用的理论，在这种情况下，他强调浪漫的或性欲的满足没有治疗价值，因为病人深植于极度冲突的婴儿期经历的神经症阻碍了她在此时此刻得到真正的满足。

不过，我已经建议，我们不能完全相信弗洛伊德在发展其临床见解及理论背景时只满足于保持现实主义与实用主义。我相信他也表现出了某些自己未解决的反移情。举例来说，比较明显的是，虽然他在较早的论文（Freud，1914a：150）中说过，重复与付诸行动可以被理解为记忆的某种形式，但是在这篇论文中，他几乎只强调移情之爱在当下的阻抗功能，即通过不断重复阻断了记忆。如我之前所说，尽管弗洛伊德意识到这种阻抗可以追溯到其婴儿期的根源，但是这种分裂的做法传递出一种不认可，即不认为被分析者可能通过行动化传递出一些有价值的信息。在另一篇文献（1992：chap. 14）中，我曾试图证明弗洛伊德对各种阻抗对立面的持续关注，可以被视为一种敌对的反移情。为了有效地处理弗洛伊德的反移情，特别是对移情之爱的反移情，我们必须继续看他在《移情之爱的观察》中对反移情的直接讨论：他说了什么，如何说的，哪些没有说。

不过，它给我们在此暂停一下来讨论行动化的沟通作用铺平了道路。我们发现现在克莱茵派学者的领军人物，如贝蒂·约瑟夫（Betty Joseph，1989）在著作中特别强调这种观点。但这种观点的发展还不够充分，因为它并未遵循一个规则，那就是任何可以被解释的，如同行动化，都是一种沟通。分析师可以从观察非沟通的行为中学习，约瑟夫并未忽略这一点。这个主题所牵涉的范围太广，我们无法在此展开，但至少我必须说，当分析师持续关注移情和反移情的动力，并不断去寻找分析所谈的事件中与客体相关的、互动的方面时，一个很有启发作用的做法是，将被分析者视为一个简单的存在，他在用语言的方式与他人连结，从而向某人传递某些信息。我进一步相信，当被分析者觉得在分析的氛围中他们存在的方式和所说的内容被看成是某种与分析师连结的有效方式时，他们会做出良性回应。

反移情

在《移情之爱的观察》的一个脚注中，史崔齐评论道：这是弗洛伊德直接谈到反移情的少数论文之一。其原因似乎不言而喻。1915 年，弗洛伊德正致力于发展一个几乎全部依赖力比多驱力构建的理论。虽然他考虑到后来他称之为自我本能的东西，虽然他已经完善了次级过程、现实感检验和现实原则之类的想法，虽然他始终都知道人类关系中的攻击与内疚，但他依旧没有发展出一套关于攻击和限制心灵结构的通用的、系统的理论。在 1915 年，冲突多半是指压抑与力比多驱力之间的冲突；当然，弗洛伊德的理论源于一个观点：肉体是虚弱的，压抑不可能一蹴而就也不是一劳永逸的。此外，随着弗洛伊德自恋理论的发展（Freud，1914b），我们可以了解到他特别研究了分析师在情欲性反移情中的自恋部分，也就是说，分析师愿意接受并享受被病人理想化的诱惑。

不过，从今天分析师的视角来看，弗洛伊德对反移情的看法虽然是开创之举，但明显还很粗浅。对于我们现在认为的在反移情中起到重要作用的很多因素，他只字未提，也没有迹象显示他看到了反移情对分析师解释工作的价值。部分原因似乎在于，弗洛伊德的建立在个人超然基础上的完全客观的实证主义科学理想，引导他主张分析师应该尝试通过个人分析、自我分析和发展理论、精神病理与治疗过程的理论来消除反移情。在这里，我们已经可以推出某种性格性反移情的存在，因为弗洛伊德的理论中贯穿着一种观点：所有的人类关系都或多或少沾染上了婴儿期移情的色彩。然而，弗洛伊德似乎想让分析师免受这一基本命题的影响。当处理移情之爱时，我们再次遭遇了弗洛伊德对反移情所持负面态度中的一些分裂的理性主义的偏见，可以说这是一种对反移情的反移情。

也许会有人反对说，在这种联系中思考反移情毫无必要，因为它很明显地指向了性格倾向，这种性格倾向在特别的关系里可以成为反移情的来源。我相信这种反对声音源于对性格和反移情的传统理论的偏好；这些观点相对狭隘，和我认为有用的想法相距甚远。我们在此讨论的第一个差异是，反移情在传统精神分析中一直是不招人待见的，而在克莱茵派的客体关系理论先驱们较广泛的使用中，反移情是一种可被预期的现象，而精神分析可以识别这种现象中无意识的内在动力的影响。因此，谈论弗洛伊德的反移情，似乎并不是指责的反而是直接面对他，在本质上他与任何其他从事分析工作的人并没什么不同。

第二个要考虑的差异与性格有关。从传统精神分析看来，虽然缺乏一个统一的定义，但性格一词某种程度上指一组稳定和关联的特质或行为模式(广义上的定义)；这种组合可以被分解为由本我、自我与超我构成的合成物。相对地，从客体关系来看，性格指一个人与他人之间首选的、习惯的、真实的和幻想的关系的模式，这些模式也可被分析为一种对持续的内心世界动力的表达。

考虑了这两种差异后，我们可以继续思考一般的反移情或性格反移情。安妮·赖希（Annie Reich，1951）很久以前使用并发展了这种思考的方式，虽然她用了不同的词汇。在她所论述的反移情形式里，她意图强调，性格反移情不可避免地会渗透到每一位分析师的工作中，因为他有其独特的生活经历、冲突、妥协的形成、升华以及随之而来的人际模式。

在这个基础上，我推测，弗洛伊德在思考反移情这个议题时出现了某种性格反移情。他看待反移情的方式反映了他对某些道德知识的理想化；这个视角甚至更强调了理性控制的范围，而非精神分析的经验。这样的强调也许本身就暗含了他对理性主义的高估是根植于无意识的冲突的。这就是为什么在这里我们又重申了我之前的观点：这是弗洛伊德地形学说取向所造成的结果，譬如他强烈建议意识化可以有效地战胜阻抗。

尽管许多当代的分析师仍然认为弗洛伊德的问题在于他对反移情局限和负面的看法，但似乎正确的说法是在当代精神分析中，分析师看待反移情的视角更广阔和积极。一方面，他们把反移情当做是一种监控病人无意识的行动化沟通的方式。这里，他们实际上遵循了弗洛伊德在另一篇技术文献中给分析师所提供的建议（Freud，1912：115-16)：用你对被分析者的无意识来理解被分析者，这是一个比聚焦的有意识的注意更精细的信息接收工具。然而，弗洛伊德的建议在当代得到了更深的拓展；现在的分析师也会认为自己对被分析者的情绪反应中包含了关于被分析者的有用信息。弗洛伊德没有顺着这条线来发展自己的建议，我相信，我们必须感谢克莱茵的客体关系学派在这方面所做的工作（Heimann，1950；Racker，1968；Segal，1986；Joseph，1989)。

今天，反移情也以另外一种方式被视为一个重要元素。这种视角与弗洛伊德有相似之处但又不完全等同。如今分析师倾向于对他们激发被分析者当下情感的可能性保持高度警惕。他们并不认为自己在每一次分析时都可避免将自己冲突的欲望行动化。特别是在考虑移情之爱时，男性分析师要警惕他们煽动起女性被分析者欲望的可能性。他们已经知道了自己可能这么做的许多理由——为了避免攻击问题；通过将关系浪漫化来补偿罪恶感；通过魅惑或主宰女性来支撑自己萎靡不振的自尊；避免承认他们现在正面临一个情绪上“死亡”的被分析者；或者通过加强异性恋的、明显的父亲移情以避免承认被分析者的母亲移情。据我所知，男性分析师经常会因为最后提到的那种原因产生反移情。接下来我马上就要讨论反移情，弗洛伊德可能也是如此。

我已经指出，弗洛伊德并未在他的著作中处理反移情这个复杂的概念。他致力于发展并坚定地宣称他的观点：分析师应是一个科学的疗愈者和伦理之人，要客观地观察非理性的例子，进而得出纯理性的结论，虽然他也需要无意识心理过程的协助。在分析中，除了尊重和责任，观察者的个人情感应时刻被“审视”，如果没法完全去除的话，它们会破坏治疗。弗洛伊德个人与其理论上的理性主义限制以及其对意识理性的高估，把分析中或多或少流动的经验部分推到了边缘或者考虑范围之外。

除了这种对反移情所持的狭隘与负面观点，弗洛伊德方法的沉思本质也显示出他对攻击在分析师的情欲化反移情中所扮演角色的忽略。今天，我们会留意反移情与被分析者移情的构造之间的平行状态，特别是平行的敌意；注意我们不要忽略一种洞见，即被分析者的引诱或许主要表达了负性移情中的敌意，一种伪装成“不可控制的”爱和欲望的敌意。在这方面，我们赞成弗洛伊德对移情之爱中的敌意的警示，他说移情之爱可能会被用来颠覆分析师的权威。但弗洛伊德认为，这种敌意是一种阻断接近婴儿期力比多记忆的策略，也就是说，这是病人性压抑的“战斗”方面。另外，我们可能认为移情之爱阻碍了对负性移情的接触；或者，我们可能怀疑，女性被分析者正拼命努力要去感觉到某些东西，以遮盖或者“治疗”自己觉得死了或者是个被掏空的受害者这种感觉；最后，不用花太多的时间，我们会强调被分析者在治疗中（和在她的生活中一样）的意愿，愿意为了感到被包容与抚慰而给男人提供浪漫的和性欲的感觉，在这样的情况下，我们可以聚焦于为了防御而产生的去攻击化的、无意识的母性移情。我们可能会把移情之爱视为一种流动的组合和由多种元素组成的综合体。在任何情况下，我们都需要不断关注攻击和与母亲的关系这两个方面。

我们相信，弗洛伊德受到了大众对精神分析的批判态度和一些其他专业人士的公开性丑闻的影响。我们认为，他对被分析者家属们所提出的抗议也很敏感，那些非难者总是在破坏弗洛伊德的持续治疗和科学探索。而且，某个注脚显示弗洛伊德依旧对约瑟夫·布洛伊尔对安娜·欧的反移情逃离及其对科学合作的破坏性有着深刻的记忆。除此之外，我们可以再补充一点，弗洛伊德那时正因为卡尔·荣格与病人莎宾娜·斯比尔林之间的丑闻及后续的发酵而感到锥心之痛。

考虑到这篇论文的历史和个人背景，以及弗洛伊德想把精神分析变成一门纯粹的经验科学和有效的科学治疗方法的志向，我们可以理解他对反移情的父性的狭隘看法、警告与训诫的语气、成文的内容等。但理解他的讨论方向与限制性，并不是说我们对弗洛伊德思想中的性格反移情的推测是没有价值的。确实，它让我们对弗洛伊德的自身反移情有所了解。正因为他在乎大众的争议与忧虑、专业的立场、门徒们的行为，以及他想把自己从精神分析中所得的内容变成理性科学的需要，所以他在与病人建立关系时带着一种根深蒂固的文化态度，这个态度与他的性格反移情和他们寻求的额外治疗目标相互吻合。这还能是什么呢？ 就现在的讨论目标而言，文化和历史背景什么也解释不了；实际上，它们提醒和丰富了我们对重复性冲突行为的理解。

如今，我们看到，弗洛伊德如果不是主要停留在俄狄浦斯层面，正如他所做的那样，而是打开视野把母性移情即据我们理解是前俄狄浦斯的移情纳入考量的范围，那么他的处境就不会那么困难了。因此，我们推测，这种父性的偏见是弗洛伊德的一种反移情。我们现在马上就要转向这种特定的反移情了。我觉得将这种父性反移情单列出来会很有帮助，因为在一些女性主义者对弗洛伊德的批评中，它占据了一个显著的位置（e. g.，Bernheimer& Kahane，1985）。

弗洛伊德的父性取向

在一个将羞耻伪装成谦虚或机智的年代里，弗洛伊德对于女性心理学进行了认真和坦率的思考。在这样的年代和环境中，可以预期的是一种遮遮掩掩的态度和弄虚作假的尊严。弗洛伊德用他深刻的方式，对女性的发展和精神病理的精神分析心理学做出了重要的贡献。其中许多贡献是经得起时代考验的，譬如女性俄狄浦斯情结与人格的双性结构等，即使是在我们对这些女性议题有了更综合的理解的今天。然而，弗洛伊德似乎穷尽了自己的智慧、努力、创意和勇气，也依旧没有认识到或摆脱掉他在思考女性时的父性偏见。在此，我使用的“父性”（Patriarchal）一词指的是一种意识上仁慈的父性主义、一贯的权威主义与普遍的屈尊降贵的混合体。

我在 1974 年的一篇文章《弗洛伊德女性心理学中的问题》（*Problems in Freud' s Psychology of Women*）中，详细讨论了这种偏见的一些方面。在此，我就不再全文累述了，只谈谈我对弗洛伊德认为女性的道德和判断能力是二流的这个结论的质疑；我要反驳其假设的局限性，那就是女性的全面发展有赖于她们可以从一个替代父亲的人那儿得到一个孩子，尤其是一个儿子，以弥补她们“被阉割的”状态，并抚慰弗洛伊德轻率且狭隘称为的“阳具嫉羡”；从语言学和心理学的角度来看，我把他将被动的、顺从的和受虐的行为等同于女性特质归之为性别主义；而且我还要强调，他在一定程度上忽视了前俄狄浦斯期的发展以及女孩与母亲的纽带的重要性。在我 1974 年写那篇文章之前当然也包括之后，很多女性主义学者，包括一些很重视精神分析的学者，都开始批判弗洛伊德对待女性问题时流露出的父性主义、男性主义、性别主义和阴茎主义，这些词的含义有交叉重叠之处但又不完全等同。

在《移情之爱的观察》中，特别是他父性主义的论调与形象以及他在分析注意力上的局限性，诱发了这些批判性的评论。弗洛伊德的论调与形象在某些地方是出奇得傲慢，举例来说，当他谈到女性对男性分析师的移情之爱中“滑稽”的部分；当他描述那些明显地受移情之爱所驱使而对他的干预没有反应的女性时，他的态度是不屑一顾的，“用一位诗人的话来说”，就是那些只知道“逻辑是汤水，论点是饺子”的女人，他用修辞的手法来表现其好奇：一位女性竟可以被基本的热情如此啃噬，她对爱的需要是“难以治愈的”（很明显，弗洛伊德在此已经不再以一位分析师的角度来思考问题了，而是以一种防御的态度，我认为而且实际上他不再将女性视为人）；当他做出了最简单的假设（并企图把这种假设传递给被分析者）：如果那是真爱，那么“为了让医生的眼里有她”，她将会变得“顺从”且寻求改善；当他写到“当一位女性诉求爱时”，分析师“要扮演……困难的角色”，特别是如果这位女性优雅精致而非露骨好色，弗洛伊德在此似乎从反移情的角度排除了这点绅士风度；他甚至引用了一个以“腊肠项圈”作奖品的赛狗比赛的隐喻，即如果把腊肠（分析师的欲望性反移情）丢进了跑道里，那么比赛就会因此而中断。弗洛伊德用这种傲慢的修辞来遵循他所处时代的父性规范，但是，正如我所指出的，在精神分析的过程中，它也必须被视为明显的反移情来处理。

与此相关的一个同等重要的问题是，弗洛伊德在讨论移情之爱的时候选择了一位饱受浪漫之苦折磨或者说被热情冲昏了头脑的女性病人。这真的如弗洛伊德所说，他只是在大范围内选取了一个例子吗？ 为什么只挑了这一个，又为什么以这样的方式来讨论？ 而且他只强调那些我之前提到的现实问题就足够了吗？ 我想这是不够的。那么，我想问一问，他可曾在著作中花了同样的篇幅讨论男性病人对男性分析师的移情之爱？ 他可曾为了进一步客观的分析目标而考虑潜在的有破坏性的同性恋之爱？ 纵然在移情之爱方面，男性病人和女性病人有诸多相似之处，但它们没有截然不同的地方吗？ 为什么他就那么坚定和狭隘地把男性移情当作是对父亲权威的反判来处理？ 为什么他不仔细考虑一下女性对男性分析师那些程度较轻、形式较为简单的情欲性移情以及其他爱的形式，不管它们婴儿期的心理性欲来源是什么，它们都在分析过程中扮演了重要的角色？ 最后，为什么他对带有情欲性色彩的母亲移情只给予了如此少的关注呢？

基于这些考量和问题，再加上一些其他的内容（1993），我提出我的观点，即弗洛伊德的父性取向决定了他会选择那些被唤起的、纠缠的、过分的但又有些吸引力的女性来讨论移情之爱，并把她塑造成分析关系里所有重要的和性欲涌动的唯一引爆器。因而，他在意识层面觉得他的父性取向并无不妥，而且在这篇论文里花了大量篇幅提出提醒、警告与训诫，而与此同时却忽略了要去仔细考量一个涵盖了所有形式和功能的详细的、平衡的移情之爱。即使无法全面地涵盖这些议题，他也可以像他在其他文章中常做的那样：提出需要探讨的问题、指出持续存在的矛盾以及进一步的研究需要。

实证主义、视角主义与叙事

在先前的段落中，我已经呈现了继《移情之爱的观察》诞生之后历史上累积下来的与此相关的补充观察和批评意见。我的呈现清楚地说明了弗洛伊德的论文只提出了一个关于分析关系中某一方面的局限性观点。自 1915 年之后，许多作者，包括弗洛伊德自己，都对移情之爱与其心理的、情境的脉络提出了修正的、扩展的或是不同的观点。随着精神分析的演变，移情之爱一直被重新论述，这是应该的，因为精神分析的新发展需要类似叙事的新观点（Schafer，1983&1992)。即使是在弗洛伊德式的自我心理学流派中，关注的重点也会有所转变：当然，不同的精神分析学派之间也是会有差异的。今天的精神分析所处的时代是一个多种视野的时代，而且它们在某些一般的基础上还未能达成共识；甚至说，要去寻找这种共识的基础本身就是徒劳的（Schafer，1990）。

我们已经注意到，一旦分析师从弗洛伊德的狭隘方法中摆脱出来，他们对移情之爱的论述就会有显著的改变。如果我们现在用另一个例子，也就是克莱茵的客体关系视角，那么我们可能就可以理解一些重要的和深入的视角主义和叙事。在此我只呈现一个概要。我认为，在克莱茵学派的叙述里，分析师必须把移情之爱的表现形式置于偏执-分裂与忧郁的架构中来考量（e. g. ，Segal，1986）。因此，在一种情况下，分析师可能会把这种爱视为一种阻止自己被迫害的尝试，她所用的方式是把自己的暴怒自体投射到一个人物身上，同时又防御性地把这个人物理想化为一种保护性的爱的源泉。在另一种情况下，分析师可能会把情欲性移情视为一种施虐和受虐的性兴奋的表现，其基于一种无意识的幻想：分析关系就是施虐和受虐行为的一种行动化。也许克莱茵学派的分析师会把女性的某种移情之爱主要视为一种源于抑郁位的修复行动，也就是说，这是一种希望通过爱来治愈客体的尝试（e. g. ，Feldman，1990）。由此，我们可联想到弗洛伊德曾说过的移情之爱是病人想寻求爱来治愈她自己；但他的著作中并未对爱的客体的修复功能进行明显的描述。

需要注意的是，克莱茵学派从未否认移情之爱中的性能量与浪漫幻想。他们所做的就是将这些因素置于其解释方法的基础，即那两个位置或其动力形态中来考量：偏执-分裂位与抑郁位。他们这样做是为了发展自己的语境和一系列恰当的解释大纲以供使用。在弗洛伊德看来，核心背景是力比多发展中不可避免的婴儿期阶段，特别是俄狄浦斯阶段，其中最重要的是正性俄狄浦斯阶段。在克莱茵看来，分析更重视的是攻击的各种变迁而非力比多。

在这两派的观点中，我们看到了不同的但又不是毫无关联的变量层级。与每个层级相关的就是我之前具体说明的典型的叙事和独特的故事纲要。对于弗洛伊德致力于创建一个只描述与主题（譬如移情之爱）相关的确定性部分的科学的尝试，不可避免地我们会看到其中的缺陷。因为最终精神分析师的实践显示精神分析是一个解释和诠释的事业，许多不同版本的叙事都说明了这一点，而且其中的一些叙事与弗洛伊德迥异。那些各有千秋的叙事后来融入治疗方法，并诱导和塑造着临床现象，而之后这些现象又会被相应的叙事加以解释。这就是诠释学的循环，它给我们提供了传统的实证方法所无法提供的知识。

诠释学是这样看待精神分析式的理解的：一个观点或一个视角，而非一种新的技术规范；也就是说，它描述了分析师的做法。从这个观点来看，只有当我们独断地把其他所有视角都排除在讨论范围之外，只有当我们忽视或最小化即使是弗洛伊德亲密追随者之间的差异时，弗洛伊德的实证主义视角似乎方能维持原样。确实，我在每一段的讨论都在暗示：弗洛伊德的创造与他赋予这个创造的实证主义的支撑是不相匹配的。

但是，我们也应该注意到，弗洛伊德并非总是直接宣称精神分析的实证主义概念。我们可以从他的某些方法论的讨论（e.g.，1909a：104-05；1915：117）和一些临床案例中发现这点。在那些地方，他并未坚持他的“官方”科学姿态；他确实至少是含蓄地承认，他正在创造的这个学科需要一些诠释学的东西。

不过，我们必须考虑到弗洛伊德一贯的形式主张，他试图通过这些主张构建起规范，从而让人能够讨论对精神分析进程至关重要的主观经验。从这个角度来看，这些规范为分析师们提供了认识论上的指南，让他们知道如何处理模糊的相关的材料，如何判别哪些可以成为证据和洞见。但正如我们经常看到的那样，如果可能存在超过一个的解释方法与结果，那么认识论的主张必将受到挑战，而在此基础上形成的预设就需要修正。

因此，我很满意弗洛伊德并未提出一些未经调停的客观的观察。相反，在他与病人的临床对话中，他只能在过去与现在的生活出现时，通过语言学与认识论的假设来调和，再次述说它们。而这些对话正是受了他偏爱的叙事方式和解释工作所需的特定故事纲要的影响和塑造（Schafer，1992)。

如果最后我们问问自己，到底什么是移情之爱？ 之前所有的讨论综合在一起，告诉我们，只有在回答了由各种相关但又有所不同的观点提出的一长串其他问题之后，我们方可做出试探性的回答。

这些问题包括：谁在问这个问题？涉及哪个特定的临床案例？在这个点上，占主导的是哪一流派精神分析思想？那么，提问者准备好接受哪些变量或偏好的叙事层次结构会对分析最有帮助呢？唯有通过对弗洛伊德的《移情之爱的观察》及其他技术论文和他整个的工作体系的研究，才能解答诸如此类的问题。答案就隐藏在他的遗产之中（Schafer，1992：chap. 9）。而且，其他的分析师并未躺在弗洛伊德的功劳簿上停滞不前。弗洛伊德本人，也从未如此。

参考文献

Bernheimer, C., and Kahane, C., eds. 1985. *In Dora's case: Freud-hysteria-feminism*. New York: Columbia University Press.

Blum, H. 1980. The borderline childhood of the Wolf Man. In *Freud and his Patients*, vol. 2, ed. M. Kanzer and J. Glenn, 341–58. New York: Jason Aronson.

Feldman, M. 1990. Common ground: The centrality of the Oedipus complex. *Int. J. Psycho-Anal*. 71:37–48.

Frankiel, R. V. 1992. Analyzed and unanalyzed themes in the treatment of Little Hans. *Int. Rev. Psycho-Anal*.

Freud, S. 1900. *The interpretation of dreams*. *S.E.* 4–5.

———. 1905a. *Fragment of an analysis of a case of hysteria*. *S.E.* 7.

———. 1905b. Three essays on the theory of sexuality. *S.E.* 7.

———. 1909a. *Analysis of a phobia in a five-year-old boy*. *S.E.* 10.

———. 1909b. Notes upon a case of obsessional neurosis. *S.E.* 10.

———. 1911. Formulations on the two principles of mental functioning. *S.E.* 11.

———. 1912a. The dynamics of transference. *S.E.* 12.

———. 1912b. Recommendations to physicians practising psycho-analysis. *S.E.* 12.

———. 1914a. Remembering, repeating and working-through (Further recommendations on the technique of psycho-analysis, II). *S.E.* 12.

———. 1914b. On narcissism: An introduction. *S.E.* 14.

———. 1915. Instincts and their vicissitudes. *S.E.* 14.

———. 1917a[1915]. Mourning and melancholia. *S.E.* 14.

———. 1917b. On transformations of instinct as exemplified in anal erotism. *S.E.* 17.

———. 1918. From the history of an infantile neurosis. *S.E.* 17.

———. 1923. *The ego and the id*. *S.E.* 19.

———. 1931. Female sexuality. *S.E.* 21.

Hartmann, H. 1939. *Ego psychology and the problem of adaptation*. New York: International Universities Press, 1964.

———. 1964. *Essays on ego psychology: Selected problems in psychoanalytic theory*. New York: International Universities Press.

Heimann, P. 1950. On counter-transference. *Int. J. Psycho-Anal*. 31:81–84.

Joseph, B. 1989. *Psychic equilibrium and psychic change: Selected papers on Betty Joseph*, ed. E. G. Spillius and M. Feldman. London: Tavistock/Routledge.

Loewald, H. 1960. On the therapeutic action of psychoanalysis. *Int. J. Psycho-Anal*. 41:16–33.

Mahony, P. 1986. *Freud and the Rat Man*. New Haven: Yale University Press.

Racker, H. 1968. *Transference and countertransference*. New York: International

Universities Press.

Reich, A. 1951. On counter-transference. *Int. J. Psycho-Anal.* 32:25–31.

Schafer, R. 1970. An overview of Heinz Hartmann's contributions to psycho-analysis. *Int. J. Psycho-Anal.* 51:425–46. Reprinted in *A new language for psychoanalysis*, 57–101. New Haven: Yale University Press, 1976.

———. 1974. Problems in Freud's psychology of women. *J. Amer. Psychoanal. Assn.* 22:459–85. Reprinted in *Retelling a life: Dialogue and narration in psychoanalysis*. New York: Basic.

———. 1983. *The analytic attitude*. New York: Basic.

———. 1990. The search for common ground. *Int. J. Psycho-Anal.* 71:49–52. Revised version reprinted in *Retelling a life: Dialogue and narration in psychoanalysis*. New York: Basic.

———. 1992. *Retelling a life: Dialogue and narration in psychoanalysis*. New York: Basic.

———. 1993. On gendered discourse. *Psychiatry and the Humanities* 14.

Segal, H. 1986. *The work of Hanna Segal: A Kleinian approach to clinical practice*. London: Free Association.

Silverman, M. 1980. A fresh look at the case of Little Hans. In *Freud and his patients*, vol. 1., ed. M. Kanzer and J. Glenn, 95–120. New York: Jason Aronson.

对《移情之爱的观察》的一个注解的注解[1]

马克斯·赫尔南德斯[2]（Max Hernandez）

弗洛伊德（Freud，1912b）提出的第一个建议就是实践精神分析的医生要对病人的无意识一直保持“均匀悬浮注意”。这是个革命性的技术创新，与他在《梦的解析》（Freud，1900）第七章所做的元心理学构想相呼应。弗洛伊德在1913～1915年间发表的“进一步建议”的系列文章中所给的最后一个建议，涉及的是某些发生在可被称为第一位精神分析病人身上、或与他一同发生的事情，如果那时候精神分析已经存在的话。弗洛伊德那时尚未成为第一位精神分析师，他还没有完成痛苦的自我分析过程，也没开始铺设其创造物的理论和技术基础。

布洛伊尔在治疗安娜·欧时遇到了困难。在“谨慎”这个借口的掩护之下，它们没有被科学地审视。精神分析治疗的发展因而受阻。在“进一步建议”系列的最后一篇论文中，弗洛伊德选择用“一个女性病人对她的精神分析师表现出毋庸置疑的爱意，或公开宣称她已爱上了正在分析她的精神分析师，就像其他正常的女性一般”这样的一些情境，来讨论“几乎完全只出现在移情现象中的医生与病人之间、理智与本能生命之间、理解与寻求行动之间的挣扎”（Freud，1912a）。

弗洛伊德以移情之爱为例来说明分析师在处理移情时必须要面对的“非

[1] 这篇文章根据在秘鲁的精神分析学院和利马的精神分析中心所举行的演讲整理而成。在标题里所提到的注解，指的是弗洛伊德文集标准版第159页的一个注解。

[2] 马克斯·赫尔南德斯是一名培训分析师和培训督导师。他担任秘鲁精神分析协会的主席和国际精神分析协会的副主席。

常严重的困难”。但这并非全部。在精神分析运动的历史中，弗洛伊德在谈到其导师们时强调：布洛伊尔、夏柯（Charcot）与克洛巴克（Chrobak）都向他传递了“一些严格来说他们自己也没有掌握的知识片段”（Freud，1914a)。因此，这篇讨论移情之爱的文章具有两个方面：一个是技术方面，即如何处理移情；另一个则更具野心，即故意向我们传达一些他在不知不觉中接收到的信息。

那么这篇文章告诉了我们哪些关于爱、移情、女性性欲和资产阶级道德（传统道德）的东西呢？让我们从爱开始说起。与一般观点不同，文章中解释，爱并非“被书写在一个特殊的页面上，这个页面再容不下其他的文字”。在这方面，这篇文章成了现代感情的一个里程碑。爱，就像心理范畴中的其他事物一样，受到强迫性重复的驱使，这个原则是“精神分析理论的基础之一”。这个观点是弗洛伊德在发表移情之爱的前一年发表的技术文献的核心议题（Freud，1914b)。根据这种观点，爱只是曾经铭刻在无意识里的某种东西的翻版而已。

具体对医生而言，这种觉察就是“一个对任何反移情倾向都非常有效的警告”。那时，反移情被视为一种不必要的并发症。在这种情况下，很容易理解为反移情可能会诱发分析师去行动。因此，分析师最好做好准备。而对病人这方来说（我们不要忘了这是“她”的部分），要么放弃接受分析的念头，要么接受她“无可脱逃的命运”：爱上她的医生。

弗洛伊德呼吁我们关注这一事实：神经症，至少对女性而言，如果一定要坚持字面意思的话，会干扰了一个人“爱的能力”，不管“嫉妒心重的父亲或丈夫”是否知道。但是分析师知道，如果这种被神经症干扰的爱得以表达和被分析，那么它会有助于病人的恢复。爱与理解之间的连接在小汉斯（Hans）的分析中再次被强调（Freud，1909)。然而事情比这还要复杂。如果说在实际生活中神经症干扰了爱的能力，那么在治疗中爱干扰了一种被称为洞见的特殊的知识能力。“对爱的热切需求的爆发”是一种阻抗。病人不再顺从，不再接受解释，也失去了她的理解力、智商和洞察力。她“似乎要被自己的爱所吞噬了”。热情取代了记忆，甚至治疗的延续也受到了威胁。

一个必要的二元论阐明了这一悖论：爱既是分析疗愈的动力，也是其主要阻碍。

让我们假设分析过程一直在风平浪静地进展。突然间，“一个彻底改变了的场景”出现了，就好像“某个虚构的片段被突然插入的现实所打断一样”。我们该如何理解这个论证逻辑中的明显逆转呢？仔细研读文章会发现，在分析过程中出现的移情之爱被描述成一个闯入幻觉过程的有现实色彩的片段。我们在别处曾把移情与一个允许病人的强迫性重复发生的游戏场相比较，现在要把移情与那至少在效果上打断了戏剧表演的情况做比较。我们可以推测，在分析的不同阶段，当移情之爱占据首要地位时，主体——言说的被分析者和主题——言说的内容似乎已变成了同一个。他们之间没有间隙，而分析得以进行的空间也缩窄了。但现实并非如此。另一个主体现在占据了场景的中心，那个病人主动对他表达其消极愿望的人物出场了，那就是分析师。

现在，让我们从爱转到移情。或者，更精准地说，我们在此处理的是移情之爱的复合观念。弗洛伊德（Freud，1914b：154）谈过一个新的移情意义（ü bertragungsbedeutung），也就是说分析师给了病人症状。在那个情境中，移情意义被归因到了疾病。但在他 1914 年的论文中有个诠释性的提议，分析师使用的技术策略在病人看来是具有真实性的。病人的情感如此强烈，以至于分析师在其误导下犯了错误。他把移情之爱想成单纯简单的爱，因此，移情之爱对他而言也具有现实意义。要摆脱这个难题似乎只有一条出路。分析师应该采用一种中道来进行分析，即在锡拉（Scylla）超脱的诠释学与卡律布狄斯（Charybdis）的分析“现实主义”之间。只有这样，移情的虚拟性方可“在疾病与真实生活之间创造一个中间地带，使得从一端到另一端的过渡得以形成”（Freud，1914b）。

解释移情之爱应该旨在修复病人与其对话之间的空间。这不仅仅是处理阻抗，还涉及重建分析空间。为此，需要纠正被分析者把分析师替换为分析主体这一现象。只有当分析师身处病人的心理生活中心之外，分析师才能为神经症的症状赋予新的“移情的意义”，这是弗洛伊德在 1914 年的论文中想要表达的观点。解释移情可以促进病人对自己表达爱的能力的特殊个性方面的洞察（Freud，1912a)。

上述男性代名词“他”的使用会把我们导向对女性性欲这一“黑暗的大陆”的理解。“他的”这个词源于《移情的动力学》这篇文章。在那篇文章中,“他”既可以用于男性，也可用于女性。对于这个“注解”所涉及的文章讲的是一位同时是医生的男性分析师治疗女病人这一事实，没有必要再去重复了。难怪之后病人被局限在一个纯粹需要的极端条件中，并且被描绘成一只乞求的生物。尚需探索的原始口欲期的第一个暗示在此发挥了作用，比如自恋性的原始贯注。然后,“为了向自己确认她的无法抗拒性”(注意这里的不及物性)，她尝试着“摧毁医生的权威”并把他“拉到一个情人的位置”（《移情之爱的观察》)。关于这个主题，通篇贯彻着《圣经》中“堕落”的回响：不朽的夏娃在伊甸园里引诱着亚当。确实，今天这么说是很容易的。当我们已对性别议题有足够的敏感度，那么这些诸如“她自己的动物本性”、“主宰”（Herrschaft)、“征服”、“有着基本热情的女性”或“一个被轻蔑的女性的全部憎恨”等包含了社会文化矩阵的表达就都变得显而易见了。

但是，如果我们能超越文本的字面含义以及它所书写的时代环境，那么我们就有可能遵循弗洛伊德之后论文中逐渐变得清晰的轮廓。如果“父亲的形象”在某种程度上似乎“契合了主体与他的医生之间的真实关系”（Freud，1912a)，那么它也强调了一个象征的维度：它贯穿于俄狄浦斯情结的定义之中。主体的欲望目标不是分析师，甚至也不是想要成为分析师的被动地爱客体的愿望。它志在占有爱与知识、圆满与完整的象征性的表征，不接受任何的调解——换言之，就是去废除那些在俄狄浦斯成功解除之后形成的性差异、性别差异与代际差异。

在某种程度上，至少是女性性欲的某些“黑暗”之处引起了旁观者的关注。在过去的数年里，女性议题已经渗透到那些被男性霸权所掌控的社会领域。这意味着两性的自我认知均发生了变化，甚至资产阶级道德观也可能发生了改变，当然也可能没有。同样，对我们而言真正重要的是，如同论文写成时那样，一方面是“以分析技术的考量来取代道德上的禁令”，另一方面则是坚持住“建立在真理基础之上”的精神分析的“伦理价值观”。技术与伦理上的考量都不允许我们脱离真理，而且我们从实践中学到的一个基本真理是，除了我们在解释中蕴含的真理之外，我们所能提供的仅仅是个代理，“病人因为自身的情况无法获得真正的满足，除非她的压抑得到解除”。这就是说，我们在分析过程中和病人沟通的那些真理，其目的都是要消除压抑的。为了忠实于这篇文章的精神，它特别指的是那些构成神经症并干扰了爱的能力的压抑。

正如这篇论文写作的时候，分析师有“三场战争要打”。一要抵御那些阴谋把我们从分析位置上拉下来的力量，有必要仔细监督反移情。二要抵御那些反对者，那些高举传统道德旗帜、试图阻碍我们澄清和传递性欲知识的，不管是儿童还是成人、男性还是女性的反对者——我们必须取得更多的理解，不仅是对性欲本身也是对我们理解条件的理解。三要抵御那些希望通过立即治疗达到快速治疗效果的简化主义，我们必须对那些允许洞察力出现的条件有更多的洞察。

这就是分析中的关键所在。也许就是这个原因，移情的其他方面，包括“那些没那么温柔的情感”，都被限定在了另一个注解中。1912 年的论文中没用只言片语来区分“正性”与“负性”移情。如果说移情之爱的目的是通过情欲化来去除差异，那么负性移情的目的就是要通过破坏来去除差异。任何差异的表征，不管是用语言、形式还是象征的方式，对于自恋病人而言都是一种感受上的威胁，是必须要解决掉的。精神分析隐含了一场与记忆的斗争和一种对记忆的阻抗，记忆则隐含着回避和一种逼真的重复，重复则隐含着一条通往理解的捷径，就像是一种转移。

这也是为什么一旦分析结束（over）——人们会犹豫说“完成”（finished），分析师或被分析者对分析的记忆，尤其是分析师或被分析者写下来的记录，只不过是对分析中其中一方或者两方之间所发生事情的一种苍白反映而已。大家所知道的是，它曾经发生过。然而它还是具备了说服力。我们在听一个记录时，经常会听一个人这么说：“这个故事确实不可思议，但却让每个人信服，因为它大体上是真实的”（Borges，1974：568)。正如在博格斯（Borges）的故事中，真实具有情绪的色彩，关注是真实的，敏感是真实的，辩驳是真实的,“只有当时的情况、时间与一些专有名词是虚假的”。

参考文献

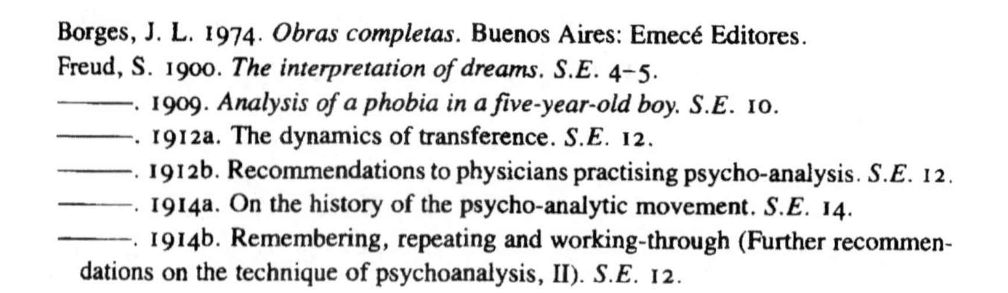

Borges, J. L. 1974. *Obras completas*. Buenos Aires: Emecé Editores.

Freud, S. 1900. *The interpretation of dreams*. *S.E.* 4–5.

———. 1909. *Analysis of a phobia in a five-year-old boy*. *S.E.* 10.

———. 1912a. The dynamics of transference. *S.E.* 12.

———. 1912b. Recommendations to physicians practising psycho-analysis. *S.E.* 12.

———. 1914a. On the history of the psycho-analytic movement. *S.E.* 14.

———. 1914b. Remembering, repeating and working-through (Further recommendations on the technique of psychoanalysis, II). *S.E.* 12.

论移情之爱：一些当代的观察

贝蒂·约瑟夫[1]（Betty Joseph）

对我而言，弗洛伊德的移情之爱一文，不仅有鲜活的趣味性，也有根本的重要性。对此我有两个理由。首先，弗洛伊德发现的分析性心理治疗师在那个时代要努力斗争解决的问题，或者无法解决的问题，也是我们所有从业的精神分析师今天在日常工作中仍旧需要面对的问题。其次，这篇论文涉及的许多技术观点，后来经过不断的讨论、拓展和证实，已成为分析工作的发展前沿议题。随着我们对技术问题理解的深化，我们对理论的理解也得以完善。在这个章节中，我会集中讨论一些这样的观点，以及一些我认为由此衍生出来的重要发展。

很明显，弗洛伊德高度关注的是分析治疗师卡在与某些特别病人的紧密关系中的方式。他心中的模式是男性分析师与女性病人，病人或公开表示或明显暗示她已爱上了治疗师，而治疗师因病人的喜爱在行为上或情感上感到激动、喜悦或被恭维等。我想指出的是，这篇文章浮现的问题并非只局限于这类病人，它是普遍存在的。

不过，我还是想从弗洛伊德所描述的病人开始。他给我们展示了一些让这样一个病人在移情中如此难以掌控的特别因素，这些因素不仅有她爱上治疗师的事实，也有她的爱的本质与表达。他描述它有多么不真实，她显而易见的洞察力如何被她的爱吞噬，他也描述了病人为了努力确认自己不可抗拒的魅力，如何去摧毁医生的权威并且把他

[1] 贝蒂·约瑟夫是英国精神分析协会的培训分析师和培训督导师。

往下拉到情人的位置，他还讨论了这种爱的强迫特质，接近于病态的程度。他不断强调，分析工作必须揭示病人早期客体选择这一本质，并和与之相关的幻想联系起来。他还强调了一个明显不只适用于这类型案例的观点——那就是，这样的病人不可避免地会爱上她的治疗师，更进一步地说，那坠入爱河的本质、那个模式将会重复，因而，即使病人离开了一个治疗师，而且最终又找到了另一个治疗师，相同的行为模式将会很快会在第二段治疗中浮现。

带着这样的洞见，弗洛伊德已经向前跨越了一大步，但对于我们这一代而言，我想我们会用不同的方式来思考这一步。我们强调，病人不可避免地会把她的客体关系特别是与她内在客体的关系的习惯类型，带入与分析师的关系之中：爱、恨、矛盾、对爱与依赖的防御——关系的全部范畴。这是我们所说的“坠入爱河”。弗洛伊德似乎也感觉到了，对那些尤其是他文中所指的会形成强烈情欲化移情的病人，最重要的是找到爱的婴儿期根源。当然，对所有的病人都是如此。但我想，我们在此特别需要注意的是爱的婴儿期根源。在这些案例中，婴儿期人格本身就有疾病特征，也就是弗洛伊德之后所说的“接近于病态”。现在来看看那些病人身上出现的某些病态人格。那个病人相信她自己是不可抗拒的，而且也表现的仿佛治疗师也觉得她是不可抗拒的一样。我们都有过这类病人，其中某些与弗洛伊德所描述的高智商、敏感、细腻的病人相吻合，但有些病人明显是粗鲁或可悲的。所有这些病人，有意识或无意识地一致坚信，分析师在情感上和她们有紧密的联系。

我们可以概括地描述一下这种病人的人格。这种病人有一个全能的、自恋的自体图像，觉得自己魅力无穷，并深信不疑分析师一定会爱上她。她脱离了对自体和其客体的现实。她努力回避自体与客体之间存在着差异这一事实，不允许分析师具备不同的特质或技能或优势。现在，我们知道这种图像是通过投射性认同而得以维持的。病人把自己欲望中的分析师投射到分析师身上，然后真的相信他爱上她了。这可能是她主动使其发生的，后面我会讨论这点。之前已经说过，弗洛伊德描述了病人通过把医生拉到情人的位置来摧毁他的权威。我们可以对此做个补充，现在她觉得他的优越感已经消失殆尽。但是弗洛伊德在一个有些曲折的部分论述说，这样的企图是否该被视为她爱的一部分，还是阻抗。我之后会回到这个问题上来，但我认为，在这些例子中病人尝试把她的分析师变成情人的企图，应该被视为她原始自恋性格结构的一部分，这一结构不允许客体——分析师——成功，不允许与她不同、与她分离开来。这是攻击、嫉妒、破坏态度的一个方面，它在分析早期分裂并隐藏了起来（弗洛伊德把这类病人描述为经常是顺从的），但随着分析的进展，我们会看到破坏性也是病人与他人联系的一种方式。

让我们回来讨论阻抗。弗洛伊德特别强调，病人求爱的方式、移情情欲化的方式，都可以被视为一种阻抗，一种干扰治疗持续的力量。当然，这是无意识的企图，而且可以理解为这很明显并非病人所希望的。在此，如同弗洛伊德著作中常见的那样，阻抗被当作一种用来对抗回忆起那些被压抑事物的力量，因此它阻碍了治疗。最近，一些分析师质疑了这个词的局限用法（e. g. ，Schafer，1991）。其他人发现，阻抗已经基本从他们的词汇中脱离了，在治疗中它的位置则被对病人冲动和防御的具体描述所取代，并被视为他或她的一般人格结构的一部分。因此，我们可能这么认为，弗洛伊德所描述的病人在通过她的顺从来展示她的爱时，已经展示出她对更严重的负面的情感及冲动的防御。

如我在本文一开始所提，弗洛伊德这篇文章的精彩之处，其一就在于它与今天的关联性。我们在工作中偶尔仍会碰到弗洛伊德所描述的那种极端类型的案例，但在许多显然更普通但依旧难处理的案例中，一些相同或相似的因素以更微妙的方式运作着。我想简短地谈一个这样的案例：病人是位年轻的女性，做研究的科学家，聪明又很有活力；她看似与分析师形成了一种良好的关系，愿意合作和建设性地使用分析。慢慢地，我对她的内心世界勾勒出了一个画面。她坚信别人会被她吸引。举例来说，虽然她的前男友已经娶了另一个人，但她仍认为他在情感上依旧深深地依恋着她。至于和我的关系，很明显在她的幻想中，我的生活非常空虚，我很依赖我的工作，我非常依恋她，我个人需要她来做治疗，我很嫉妒她的成就，特别是嫉妒她和男人的关系。她想办法让我在她的心中保持一个嫉妒她并需要她的形象。要达成此目的，一部分纯粹靠幻想，但是她又微妙地、无意识地试图拉我下水和她一起在治疗中付诸行动。举例来说，她几乎会用所有的解释来受虐般地攻击自己，因此在她心中我就变成了一位施虐的伴侣。她会在治疗外来做这些，重复使用潜在的洞见和解释，并用这些来打击与折磨自己，有时会持续数个小时。她看似顺从合作，但治疗几乎毫无进展，因为洞察力通过这种方式已经变成了倒错的性兴奋的来源。治疗中有一些隐微的移情情欲化，目的在于无形地防止我们两个之间有任何真实的差异。我们都卡在了这种付诸行动之中，这应该会阻碍我做一位真正的分析师，并且与她有所不同，这最终会打败我、束缚我。这也给她提供了倒错的满足。这是一个按弗洛伊德所描述的那样不会以言语的方式来索取爱的病人，但是她无意识地试图诱惑或操纵分析师进入一种施虐-受虐的爱，与此同时，在某种意义上，她还深信分析师会爱上她并依赖她，她是无法抗拒的。

如我之前所述，弗洛伊德认为有必要追溯这些病人早期的爱的根源。我上面提到的这个病人，从很小的时候就与一位常住她家的表哥非常亲密，因为他的父母待在国外。很显然这个男孩会施虐和折磨人，而且这两个小孩紧密地纠缠在一起，我的病人觉得她无法逃脱。她总是确定她是母亲的最爱，甚至比父亲还受偏爱。家庭历史显示她在婴儿期时并不需要断奶，但她自己拒绝了妈妈的乳房。我强调这一点是为了指出，虽然这个病人的移情情欲化可以被视为一种对分析的阻抗，但阻抗只是她爱、恨、控制、防止她建立全能优越感的结构松动，以及回避现实和依赖关系的方式的一部分而已。弗洛伊德的病人一开始貌似合作顺从，而我的病人一开始回应解释时，似乎就开始接受了洞察力和内疚感。但事实上，内疚感被施虐-受虐的目标所剥削，并用来控制分析师，让分析无法鲜活起来。

回到弗洛伊德的讨论，今天我们可以看出，将移情情欲化的病人是如何下定决心使治疗无效，或真正打败这个治疗的。然而，弗洛伊德在这篇 1915 年的文章中依旧把这种破坏当作一种对无意识冲动或记忆涌现的阻抗，或是对爱的某个方面的阻抗，也就是说针对性本能的。直到 5 年之后，在

《超越快乐原则》（*Beyond the Pleasure Principle*）一文中，他才把这些极具攻击力的方面与包括性欲在内的生本能相比较而论，并把它们囊括在死本能的名下。这个新分类开启了分析和生活领域中的整个攻击与破坏领域。之后病人决定破坏治疗的意图方被视为负性治疗反应（negative therapeutic reaction）来处理。在关于移情之爱的这篇论文里，我们获得了一个负性主义是如何把情欲化作为一种武器使用的精彩画面，但是这个推理的过程——比如弗洛伊德试图区分一些不同的动机，一些与爱相关而另一些与阻抗有关——确实太曲折了。我相信，这是他的一种常态，每当他在转向新的理论但又无法丢弃原来的想法时他均是如此。在此，他无法面对自己即将迈出的这一大步：真正看到破坏驱力的力量及独特性。在我刚刚描述的病人身上，我们可以看到移情的情欲化在很大程度上是如何处心积虑地要摧毁我的工作、我作为一个人的独立性和我帮助她的能力——这些真正有关进展和生活的东西。

弗洛伊德在这篇文章中所讨论的是一个关于行动而非思考或记忆的经典案例。我对他在此的讨论很有兴趣。他在文中强调了使用行动而非思考的重要性，这是他在那个时期非常关注的一个主题，这一点可从此系列中先前的一文《记忆、重复与修通》（Freud，1914）中看出来。这在今天的精神分析理论中依旧非常重要，特别是当我们思考病人使用原始的心理机制如大量的投射或投射性认同和他们的思考非常具体时。对他们而言，想象与现实是如此接近，将之付诸行为而非思考是不可避免的。暂且撇开这些更混乱的病人不谈，我认为今天我们会把这种一刀切的二分法在某种意义上视为错误的，因为我们可以说，所有的病人都把他们习惯的态度和行为带进了与分析师的关系里，而非只存在于他们的心理之中。

对移情中的这种付诸行动[咨询室外（acting out）或咨询室内（acting in）]的细微差异的理解，也许是最近几年来技术方面最重大的发展之一。我们可以理所当然地认为，正如弗洛伊德所描述的，并非只是病人爱上治疗师是不可避免的，同样不可避免的是病人的爱的本质特点会在与治疗师的关系中呈现出来。它可能会以抗议、索取或威胁等吵闹的方式呈现出来，就像弗洛伊德所描述的案例那样。或者它可能看起来一点都不像坠入爱河了，就像我之前强调的那样，但是病人爱或不爱的本质将不可避免地在移情之中浮现。病人可能是拒绝的、沉默的、退缩的和坚定独立的。或者，爱的方式可能是更安静的、轻微的和倒错的，就像我举的那个案例。也许不用“坠入爱河”这种说法，而去描述病人带入移情中的客体关系的本质，可能会更好一些。

移情之爱一文中同样令人震惊的是病人让分析师卷入的方式，比如说哄骗、谄媚、嘲弄和威胁。当然，这是弗洛伊德的切入点，他考虑的是分析治疗师正被拉入某种与病人之间实际上的或情绪上的行为，而非保持中立。可以说，在某种意义所有的病人都会这么做；他们会无意识地尝试，通过更隐晦的方式把我们拉入心理或情绪活动之中，玩弄我们的顾虑和内疚感，迎合或满足我们既定的期待。他们试着操纵我们去配合，并根据他们无意识的要求和幻想来付诸行动。再来看看我的病人：她会以这样的方式呈现出一些信息的片段，就像在无意识地尝试迫使我做出一个批判性的评论或解释，或者某种让她有这种体验的东西，如此，她就可以建立起一种施虐受虐的关系了。或者她会跟我仔细地谈论她的工作，但是她说话的方式会让聆听者觉得自己是个局外人，而且还有点自卑。我们知道我们不仅要听说话的内容，也需要听说话的方式和营造的氛围，这可能会给我们提供一些让我们知道自己是如何被操纵的线索。在治疗室内的付诸行动（acting in），最近引起了一些学者的关注，如桑德勒（Sandler，1976）、奥萨尼斯（O’ Shaughnessy，1989）和约瑟夫（Joseph，1985）。投射性认同这个概念，也就是病人无意识地在幻想中把自体的一部分或冲动投射到了分析师身上，极大地帮助了对于此种现象的理解。我认为有时候这些投射性认同只存在于病人的幻想之中。有时候病人会刺激分析师出现一些相应的行为，就像我的病人所做的那样。这很有可能发生，如同奥萨尼斯所说，我们意识不到或理解不了投射性认同，直到我们发现自己已经卷入某些微妙的行为，或暗示了某种并非保持分离与中立的态度。

当然，所有这些都与反移情的最近发展和当代思潮有关，弗洛伊德在这篇文章中使用了反移情这个词，但在其他著作中却甚少提及。正如大家所述，他用这个词来描述分析师这边产生的情感，而这是病人对其无意识产生影响的结果。他赋予了这个词某种病态的、必须要对抗的色彩，比如说，当分析师实际上因为病人的爱而感到荣幸时。但现在许多人觉得，若把这个词的意义禁锢在分析师的某些病态反应上，实在是太局限了，虽然这一点也是需要牢记于心的。在弗洛伊德的案例中，我们可以看到，被病人的爱所取悦或引诱的治疗师，不仅从个人希望被取悦和爱慕的需要做出了回应，而且丝毫不触及病人的病理。 但是我们也可以说，在治疗中产生的情感可以指引我们了解治疗中究竟发生了什么——假设分析师能在治疗的这一个小时中出现情感变化时监控自己。他需能够区分其中多少是源自他自身、他的冲动和人格，多少是来自病人对他的影响。举例来说，在我所描述的女性病人案例中，我们很有必要在听到“每次治疗后我的情况都变得更糟了”这样的话之后，去想想该把这句话理解成病人担心、害怕自己退步了，还是分析师应该被迫感到一种愤怒、无助或不耐烦的情绪。要获得这样的觉察，最好的方式就是通过我们称之为反移情的东西，虽然有些人比较偏爱使用“共情”（empathy）这个术语。在任何情况下，如果分析师感到憎恨和不耐烦，那么非常重要的是要去弄清楚这是因为他或她自己的坏心情和对治疗没有进展的烦躁，还是因为病人想要或需要让分析师有这种感情，或许之前也做过这样的尝试。

虽然弗洛伊德的文章看似在对治疗师表达关心、训诫、警告和建议，但我们越仔细研究就越能看到，精神分析治疗方法中的重要方面正在浮现，弗洛伊德认为付诸行动、情欲化的病人给治疗师呈现的真实问题是他讨论的基本议题。他认为，治疗师会被哄骗和被骚扰，他可以轻易让步并和病人一起将性欲付诸行动，或者抛弃这个个案，让她在适当的时候去找另一位分析师。但是，弗洛伊德警告说，这些老问题将会再次重复。哪一个选择都不能解决问题，但它们强调了一个事实——这篇文章中并未讨论但我们今天一致认同的一个事实，即并非每一位执业者都能承受在分析病人时所面对的压力。这其中暗含了未来如何甄选分析师这一议题。

如果分析师确定还要继续进行真正的分析工作，弗洛伊德对他所面临的问题表示深切的同情。他意识到，受本质的驱使，病人必然会把她的问题带进治疗中，必然会骚扰和恭维治疗师，必然会尝试让他觉得自己没用和很有压力，但是分析师一定不可以失去自己的专业立场。弗洛伊德看到了一些与此相关的问题，这对今天的每位分析师都有重大的关系。他指出，治疗师必须抵御其自恋，不要去想象病人明显地爱上他与他的人格有任何关系。相反，他必须把此视为分析过程的一部分，病人带入治疗中的问题的一部分。

弗洛伊德对此问题本身的讨论提出了一个在过去几年得到持续发展的重要议题：病人把什么带入了关系？特别是在史崔齐（Strachey，1937）与克莱茵（Klein，1952）的工作之后，我们对此有了更多的理解：转移的不仅仅是过去的人物和病人的真实历史，还有从最早期就建立起来的复杂的、内在的幻想人物，这是在真实经历与婴儿期对那些人物的幻想和冲动之间构建起来的。认识到被转移的情感的复杂性，对分析过程本身及理解病人的内在世界、焦虑与防御而言，当然是最基本的。但这也可以帮助分析师更深刻地认知到，在与其关系中浮现的，真的是来自病人内心世界的移情，这能帮助他保持一种更超然、更专业的姿态。

弗洛伊德在持续检视治疗师的问题时，进一步触及了如何处理情欲化类型病人的问题，这也是启动分析治疗的基本问题。他认为对病人进行道德教化是没有意义的，譬如说让病人压抑其激起的感情与本能，他说："热情很少受到崇高演说的影响。"今天，在我看来，这与其说是一个分析师主动尝试去阻断病人情感的问题，不如说这是一个分析师通过组织解释的方式或语气语调来表明某种特定态度的风险。弗洛伊德进一步警告分析师不要逃避，即暗示了某些态度却又不直接言明，不能真正支持他对正在发生状况的理解。弗洛伊德在此的言论透露了他的力量以及他要求分析师所应坚持的真理，还有他在1915年对分析师面临的种种问题的觉察，不仅仅是一些概括性的问题，也有一些非常细微的问题。这也指出了我们在今天的分析工作中依旧要面对的种种问题：想要把病人推回到更顺从的心理状态的欲望，更有甚者隐晦地想回避直面病人的移情行为或幻想中的真实部分，例如，通过某种半真实的谈话、暗示或声调。这些情况表明我们在某种程度上卡在病人的问题里了，因而我们需要持续地审视反移情。

不同的分析师会用不同的方法来处理这种情况。我想，有些人会准备好，在某种程度上或一段时间内，跟随病人潜在的或已明确表达的欲望走一段时间。有些人可能选择用一种不太肯定的方法来尝试矫正病人的某些匮乏性或基本的需要，并且可能把这看成治疗的重要进展。但在我看来，弗洛伊德 1915 年的观点，虽然已经是年代久远了，但他关于这部分的推论在今天看起来还如同当时那般贴切。还有一些其他方面的发展，来源于他对分析师避免迫使病人压抑或放弃她的感觉的要求。当然，我们可以说这是精神分析的一个基本点，但真正认识到它的重要性或许是从拜昂（Bion，1963）开始的，他提出分析师要能够容纳病人的情感，用解释中和它们，之后再把这些修正形式的情感返回给病人，就像一位母亲需要包容婴儿的感情与焦虑一样。没有这种容纳，对病人及分析过程的敏感度就不可能产生。

概括点说，我想这就是弗洛伊德所提倡的：分析师必须“紧紧抓住移情之爱，但又要将其视为不真实的……一定会协助她把所有深埋于情欲生活中的东西带到她的意识之中……之后她会觉得很安全，进而允许她所有的爱的先决条件、所有从性欲中涌出的幻想……均得以呈现”。很明显，这是一个能够容纳病人、让她觉得足够安全从而更能打开自己的分析师的画面。

然而，我认为，这篇文章在这个论点上存在一个问题。弗洛伊德谈论了一组病人，她们情欲化的问题如此严重，以至于他觉得完全无法治疗。但之后他又开始尝试与她们辩论，指出病人态度中的不合理之处，并质疑她是否真的爱上了分析师等。他认为，通过这样的辩论，再加上耐心，那么克服这种困难的情境还是有可能的。

与病人辩论并说服她走出某种病态的态度，从而继续分析她的爱的本质，这似乎是一种奇怪的方法。这看起来很像一种类道德化的态度，而弗洛伊德在开篇部分就已经坚决宣布放弃了这种态度，仿佛是在说这种对爱需求的付诸行动和伴随而来的挑衅，都不是病人之爱的婴儿期根源的一部分了，而是一些需要在探索婴儿期根源之前要辩驳一番的东西。或者说，弗洛伊德使用这样的推论方式是因为他尚未足够确信已经表达出来的深层的破坏驱力，所以不得不绕过它们?

弗洛伊德对正常之爱与移情之爱两者之间差异的讨论存在很多模糊之处。他在讨论移情之爱时也不清楚是只思考了情欲化移情的类型，还是移情的所有形式。他似乎确定被分析情境激发出来的移情中所有的爱都是缺乏现实感且是被强化了的，这和我们说病人把他或她日常生活中的内在和外在的冲突带到了与分析师的关系里是有所不同的。或者说，他的意思是我们在脑海中已经有了一个正常之爱的模型，而我们在分析中看到病人身上的爱是比我们这种有意识或无意识的模型更原始、不真实和盲目？我想，其中的一个方面在于，我们在移情中所见到的这种爱在病人看来是“真实”的，这是他或她爱人的方式。它的表现形式被分析情境的紧密与严格性加剧了。此外，病人来到我们这里，无论他们抱怨的症状是什么，都是因为他们有关系上也就是在爱方面的困难。从这个视角来看，移情之爱必然会呈现出一些更病态与更早期的特征，例如，更多的自恋与全能感，因此，也要比我们“正常的”爱的观念显得更不真实些。

无论如何，从技术的角度来看，他在此提出的决定性主题是：分析师要有某种特别且深刻的责任；是分析情境激发了病人的爱，这是治疗不可避免的结果；因此，处理此情境的责任完全在于分析师。毕竟病人由于人格和病理问题试图误用情境是她的特权，而弗洛伊德也清楚地知道这给分析师造成了困难。但如果我们能认真地进一步思考移情的整体观念给我们带来的好处，那么它就会变成一个可以让我们探索正在发生什么的机会，而非麻烦与负担。弗洛伊德的一句名言可以说明这个问题：“精神分析师知道，他正在处理的是一种易爆的力量，而他必须像个化学家那样谨慎且诚实地前行。”

我发现这篇精彩的文章到今天还有很大的价值。弗洛伊德那时必定曾因为一些心理治疗师被某些特定女性病人迷惑，并在性或其他方式付诸行动的情况而感到焦虑，这是这篇文章的来源。但它所包含的理念远远超过于此，并跨进了分析技术的领域，这些观念对精神分析思维与实践而言是根本的。虽然我在之前论述了其中存在的一些模糊之处和他人与弗洛伊德不同的想法，但其中的主要议题以及所述的从业分析师面临的困境，在过去几十年来已经被证明是精神分析最重要的增长点。

参考文献

Bion, W. R. 1963. *Elements of psycho-analysis*. London: Heinemann.

Freud, S. 1910. The future prospects of psycho-analytical psycho-therapy. *S.E.*11

———. 1914. Remembering, repeating and working-through. *S.E.*12.

———. 1920. Beyond the pleasure principle. *S.E.*18.

Joseph, B. 1985. Transference: The total situation. In *Psychic equilibrium and psychic change*. London: Routledge, 1989.

Klein, M. 1952. The origins of transference. In *Envy and gratitude, and other works*. London: Hogarth.

O'Shaughnessy, E. 1989. Enclaves and excursions. (Unpublished)

Sandler, J. 1976. Countertransference and role responsiveness. *Int. Rev. Psychoanal.* 3:43–47.

Schafer, R. 1991. A clinical critique of the idea of resistance. Paper given to the British Psycho-Analytical Society.

Strachey, J. 1937. The nature of the therapeutic action of psycho-analysis. *Int. J. Psycho-anal.* 15:127–59. Reprinted in *Int. J. Psycho-anal.* 50.

一人视角与二人视角：弗洛伊德的《移情之爱的观察》

默顿·马克斯·吉尔[1]（Merton Max Gill）

这篇文章毫无疑问是弗洛伊德最具魅力的文章之一。琼斯（Jones，1955）告诉我们，20世纪10～20年代的所有技术文章中，弗洛伊德自己也最钟爱这篇。人们怎能忘记那些精彩绝伦的描述，如“逻辑是汤水，论点是饺子”这样的短语；或者一些陈述，如“毋庸置疑，性爱是生命当中的重要事件之一，而在爱的享受中，心理和生理的共同满足，可以说是其巅峰时刻之一。除了少数怪异的狂热分子，整个世界都知道这个道理，并按此生活。但是科学本身太过严密，以至于它不承认这一点。”“让一个男人因为美好的体验而忘掉他的技术与医疗任务。”当然，对“不可能的职业”的同情必须与节制紧密结合起来，不管对病人而言还是对分析师而言，很难有比这更好的表达了。同情的另一个标记是，弗洛伊德承认“那些还很年轻、还没有紧密束缚的”分析师可能会发现处理情欲化移情是一件特别困难的事。而对于我这么一位年老的分析师而言，这样的同情至少可以扩展到另一类分析师身上，即那些因被分析者没有对其发展出情欲化移情而感到失望的人！你也可以不相信，但希尔达·杜利特尔（Hilda Doolittle，1956：16）报告说，弗洛伊德敲打着躺椅的靠背说：“麻烦在于我是个老人，你并不认为爱我是值得的。”

[1] 默顿·马克斯·吉尔是芝加哥的伊利诺利大学的精神病学荣誉教授，同时也是芝加哥精神分析研究所和芝加哥精神分析中心的培训分析师。

一人或二人心理学

《移情之爱》一文的其中一个杰出特点就在于，它表明了弗洛伊德一个辩证思维的转变：“一方面这样，另一方面那样……”我认为，这篇文章中的辩证张力可以从这个角度来理解，那就是分析到底是或应该被视为一个人的心理学还是两个人的心理学。这个问题在精神分析界由来已久，可以回溯到费伦奇（Ferenczi，1928）。现在这样的讨论越来越激烈了（e. g.，Mitchell，1988），而且我相信它正逐渐变得清晰（Ghent，1989；Hoffman，1991；Sandler，1991），那就是分析情境应该用这两种视角来恰当地审视。如果被分析者被视为一个关于作用力和反作用力的封闭系统，那么这个视角就是一个人的。如果分析情境被视为两个人之间的关系，那么这个视角就是二人的，分析师也是那情境的参与者。要对分析情境有一个完整的画面，需要时刻使用这两种视角，并根据前景和背景的需要交替使用。在一人视角中，被分析者的神经症动力位于前景；在二人视角下，移情/反移情则位于前景。当分析顺利进行时，这两种观点会交替出现来表达同一个主题。当然，一人视角在看待病人的过去或治疗外的现在生活时也会包含其与他人的人际关系。而二人视角会把分析师和被分析者的关系置于分析情境中来考量。

在这篇文章中，弗洛伊德有时候使用一人视角，有时候又用另一种视角。一方面他采用了“传统的”一人位置：移情只是病人的行为；如果病人换一个分析师，那么相同的情况还会再度发生，因为分析师是分析情境中可替代的一个齿轮；分析师的个人魅力与所发生的移情毫无关联；当前的情境中没有产生“一个单独的新现象”［这是弗洛伊德认识的一个退步，他在朵拉（Dora）的案例中认知到，不管如何，某些当下情境里的真实元素可能是某个过去元素的重复，如他抽雪茄］；有人反对这种“表面上的”爱的“真实性”。

这里有一个一人视角的例子：移情是只会在分析情境中发生，还是在分析情境之外也会发生呢？弗洛伊德认为，坠入爱河不仅会发生在其他治疗形式之中，也会发生在日常生活中:“在分析之外，日常生活中的恋爱，在正常和异常之间，更偏向异常的状态。”

另一方面，弗洛伊德有时候会采取二人视角:“我们没有权利驳斥”病人坠入爱河的状态“具有‘真实的’爱的特质”;“毕竟，阻抗并未创造出这种爱”；分析师“通过实施分析治疗激发出了这种爱”；这是“治疗情境的结果”。还有，移情之爱“是被分析情境所激发出来的”;“通过巧妙的咒语将地底的精灵召唤上来（催眠！)”。这些言论均显示出二人心理学的视角。但要注意的是，这里的重点要放在“情境”上，而非设置出情境的人身上。当弗洛伊德说他没办法帮助那个讲述了可怕故事的鼠人时，也试图把责任从他个人身上转移到情境上：这只是治疗上的需要！海因里希·拉克尔（Heinrich Racker，1968）对此理解得更深刻。他说，当他把自己的名字挂在办公室门上时，他就已成为共犯。

二人视角对分析师平摊责任的看法，在弗洛伊德谈到这种爱的需求爆发时也变得更加清晰:“当分析师正试着让她承认或回忆起某个特别艰难且被严重压抑的生命历史片段时”——也就是说，当分析师尝试着让病人顺从他时，当然，是为了治疗的目标。很明显这里的重点是在分析师身上而非情境。再次，根据二人视角的观察，分析情境中的情欲性移情与日常生活的爱情是有所不同的，哪怕只是量上的差异。“它被掌控大局的阻抗大大强化了……它在很大程度上没有考虑现实。”然而，话锋一转，他又回到了一人的视角,“这些偏离常态的情形正是坠入爱河的基本情况”。

虽然这段引言并非来自弗洛伊德的移情之爱一文，但我无法抵挡要去增加这段关于二人视角论述的诱惑，在这里弗洛伊德承认病人的“权利”[《群体心理学与自我分析》（*Group Psychology and the Analysis of the Ego*），1921：89-90]：

所以，我们将接受这样的观点，暗示（或更正确地说成暗示感受性）实际上是一种不可还原的原始现象，是人类心理生活中的一个基本事实。伯恩

海姆（Bernheim）也是这样认为。我在1899年曾目睹过他的精彩技巧。但我仍记得当时自己就对这种专治的暗示暗藏敌意，当病人表现出不服从时他就大声训斥："你在做什么？你在反暗示！"我对自己说，这明显是一种不公平和暴力的行为。因为，如果别人试图用暗示来使他屈服的话，那么这个人当然有反暗示的权利。后来，我的抵抗主要集中于反对这样的观点上：说明了一切的暗示本身是不需要说明的……暗示，就是一些即使没有足够逻辑基础也能产生影响的条件。

在同一篇文章的第一段中，他写道："在个体的心理生活中，不可避免地会涉及作为一种模范、一个帮助者、一个敌对者的某个别人。所以个体心理学从一开始，在其扩展和完全恰当的意义上而言，同时也是社会心理学。" 需要强调的是，在这段引文中，二人视角已远远超越了移情之爱这一主题。这种视角，经过了各种各样的伪装，已成为分析情境一种固有的、普遍存在的特点。当然，分析情境中的情欲之爱与其他治疗方式中和分析生活之外的移情之间的显著差异就在于，它在分析情境中会被分析，而且“有益于病人的康复”。

认为同样的坠入爱河也会发生在其他形式的治疗或真实生活中的看法，忽视了特别是二人视角分析情境中的特殊现实。移情之爱是针对这种特定的分析情境的。若在一段分析中，分析师采取了“毫无意义的程序”来迫使病人前进并坠入爱河，那么即使坠入爱河发生了，这也是一种不同的坠入爱河[1]。不过，我再次注意到，弗洛伊德的言下之意是，在正确的分析技术里，坠入爱河是一种自发状态。艾达·麦卡尔平（Ida Macalpine，1950）对此理解得更为透彻。她把分析情境比成缓慢导入的催眠。弗洛伊德并非像他认为的那样完全放弃了催眠！不过，从另外一种意义上来说，弗洛伊德想让爱在发生时是自发的想法是正确的——也就是说，那是不可预期的、不可规划的。最近许多技术上的讨论（Sandler，1976；Ehrenberg，1982

[1] 史崔齐在第一版中提到“这一段（括号中的内容）被印刷成小字体”（162n），说明弗洛伊德认为这种“毫无意义的程序”比他最初认为的更为普遍。此外，在第一个版本中，弗洛伊德提到这种做法发生在治疗的“早期”，后来他说这是“频繁”的。

& 1984；Fredrickson，1990；Hoffman，1992）都强调，分析师某种程度的自发性也是不可避免和必需的。霍夫曼（Hoffman）的文章特别强调了他的辩证观点，这点可以在文章标题上一目了然：《表达性参与和精神分析纪律》（*Expressive Participation and Psychoanalytic Discipline*）。

随后，弗洛伊德在一人心理学和二人心理学之间摇摆不定。但我相信他自己没有意识到这一点。就像许多当代的精神分析一样，他也认为只有一人视角才是真正的精神分析。而二人视角，就像以前一样，是一个不幸的并发症，其原因在于一个事实：那就是当分析师只是以一个人的角色存在时，无法维持完美的中立状态。与此相对的一种观点认为，如我之前所述，这两种视角都是分析情境中固有的、普遍存在的特点；有时候是出现在前景中的这种，有时候是那种，如同霍夫曼（Hoffman，1990）所说，这有赖于分析师的焦点。

一人/二人心理学这种二分法在当代的一个重要版本就是关于精神分析是内心的还是人际间的辩论。我相信，很多反对者在使用"人际间"这个词时经常会误用，因为他们没有意识到许多分析师在说起这个词时的真正含义：两个参与者之间所发生的事情是如何被每个参与者的心理现实所理解的。换言之，这些分析师使用"人际间"时，并非指某些"客观的"外在观察者这样的社会心理学。海因茨·科胡特（Heinz Kohut，1971）与艾芙琳·施瓦伯（Evelyne Schwaber）（出版中）正确地批判了他们对精神分析情境所做的人际间的概念化，因为他们错把"人际间"理解成了外在意义上的社会心理学。弗洛伊德并未在那段《群体心理学与自我分析》（*Group Psychology and the Analysis of the ego*）的引文中定义社会心理学，但是他一定是从心理内部体验的意义上来看的。

两个参与者在分析情境中对两人的互动的内心体验可能是千差万别的。若一位坚信自己看清了他与被分析者之间所发生的事情，并说移情是被分析者的一种"扭曲"，那么他可能认为自己需要忠实于心理现实。但是，当他把移情视为某种扭曲时，他又自相矛盾地否认了他也是依据自己的心理现实来建构事实的，而非借助一些能看清真实现实的特殊能力，这种能力可能唯有通过他在自我分析中的净化才能具备。包括我自己在内的许多人强调

(1982)，分析师应该致力于学习去接受：被分析者对两位参与者之间发生的事情的理解貌似是合理的，而分析师自己的理解也只能是貌似合理的。然后两者之间会互相“协商”（Goldberg，1988），直到可以达成某种一致性，当然，这在一个审视这种交互的第三人眼中可能是不正确的，因为他也是以他的心理现实来看待问题的。

这里在谈到从观察者而非从分析师的角度看待分析情境时隐含了一个系统式研究的视角。因为和被分析者-分析师这一对相比，外在的观察者较少受到移情和反移情的影响。但即使如此，我们也只能说这是一种“相干性”（coherence），而非对事实的回应。也就是说，我们只能依据一系列的相干的假设来认识外在现实，而不能依据一些与外在现实相符的未经调和的体验。当弗洛伊德提出分析师可以发现什么是与外在现实符合的观点时，他是一个实证主义者。格伦鲍姆（Grunbaum，1984）也是如此，他并未否认要找到符合外在现实事物的必要性，而是坚持认为，分析情境中暗示的影响使我们不可能确认自己真的发现了与外在现实相符的事物。在这里，我谈的是当今实证主义者与社会建构主义者对分析情境的争论（Protter，1985；Stern，1985；Toulmin，1986；Hoffman，1991）。通常，人们误以为建构主义观点会否认物质现实的重要性，只假定一切建构都是有效的，或者认为“怎么说都成立”。这是不正确的。认为我们无法认识物质现实并不表示就可以忽略它。某些建构要比其他的一些建构更具意义，这不仅仅是就相干性而言的。这是个重要的认识论议题，在此我将不进一步展开了。

情欲性移情与阻抗

弗洛伊德承认分析师在情欲性移情中有共摊责任的一个不那么直接的证据，就是他承认:“一个人可能很早就注意到病人身上有一种喜欢移情的征兆，也能明确地感觉到她的顺从、她对于分析解释的接受、她卓越的理解力以及她所显示出的高智商，这些都可归因于她对分析师所持的这种态度。”

也许，至少有的时候，如果作为一种阻抗的情欲性移情能够被早点处理的话，那么它就不会发展到无法妥协的地步。弗洛伊德在其他地方写道，分析师应该注意不要让移情发展到无法控制的程度。但弗洛伊德觉得他需要一种“无可争议的正性移情”来深化分析的目的。我（1982）曾经与马克·康泽尔（Mark Kanzer，1980）讨论过我的不同意见，他相信弗洛伊德最终放弃了对于无可争议的正性移情的依赖。而我觉得他从来没有这么做过。毫无疑问，在现在的这篇论文里，弗洛伊德的观点是他需要它来影响病人。他想要的只是某种“情欲性移情的调和”。被反复讨论的治疗联盟概念也提出了相同的议题。当然，我们需要病人某种程度的配合来持续工作。那些看似写过反对治疗联盟的作者（Kanzer，1975；Brenner，1979），其真正所指的是，通过一些没有经过分析的特殊的操控来建立治疗联盟的方法，会带来不必要的暗示。

虽然弗洛伊德在这篇文章中清楚地认识到情欲性移情充当了阻抗，但在另一篇大约同时期写成的技术文章中他却强调：“应该暂时不触碰移情，直到（它）……已经变成了一种阻抗”（Freud，1913:139）。相反我认为，既然移情是无所不在的，那么即使是在背景里，它也是充当了某种阻抗。这与弗洛伊德的“阻抗在治疗中亦步亦趋”的格言是一致的。海曼·慕斯林和我（Hyman Muslin & Merton Max Gill，1978）认为，如果能在早期就解释移情性阻抗，那么朵拉案例的失败或可逆转。当然，我们意识到只要涉及这个案例我们百分之百是后见之明。我们并没有忽略弗洛伊德在反思朵拉这个案例时对移情这个概念的天才构想。我想起了弗洛伊德对斯特克尔（Stekel）的观察所做的机智反击，斯特克尔认为因为他可以站在弗洛伊德的肩膀上，所以他可以看得比弗洛伊德更远。弗洛伊德说：“哲学家头上的虱子无法看得比哲学家更远。”

查尔斯·布伦纳（Charles Brenner，1969）也反对这种要等移情发展成阻抗的误导性建议。马丁·斯坦（Martin Stein，1981）向我们展示了，这个“无可争议的正性移情”是如何地欺骗分析师让他相信分析正在顺利地进行。他强调，这个幻觉会影响受训的分析师，让这些候选人觉得自己必须要迎合分析师的好意。对于这个早就出现并伴有忠诚的“顺从”和“超凡的理解力”的喜爱移情的各种迹象，弗洛伊德未能及时解释的失败对病人而言可能是一种含蓄的或者间接的（分析师常用的一个词）暗示（Oremland，1991；Gill，1991）——“继续走，直到坠入爱河”，但是当这种暗示变成明示时他又会强烈地谴责。

无可争议的负性移情

1991年6月在意大利博洛尼亚举行的一个会议上，我有幸听到妮拉·吉迪（Nella Guidi）博士所提出的一个与“无可争议的正性移情”平行的概念：“无可争议的负性移情”。这个一开始看好似很有道理。被分析者在分析一开始的时候有些担心、怀疑和谨慎难道不是合理的吗？我们不是正希望被分析者能保持这样的态度一段时间，这样当他或她最终接受分析时是出于信服而非臣服吗？弗洛伊德把“无可争议的正性移情”归因到较早年的经验——“把分析师与一个他经常体验到喜爱自己（病人）的人物形象结合在一起”（Freud，1913：139-40）。那么这种“无可争议的负性移情”是不是也有相同的来源，即那些能看到儿童持有不同意见的启发式父母呢？确实，儿童和父母体验到的权力和经历可能会比分析师和被分析者体验到的更不对称。当然，很常见的一种现象是，看似正性的移情可以是一种对负性移情的阻抗，同样，看似负性的移情也可以是一种对正性移情的阻抗。

性欲

弗洛伊德终其一生对性欲的还原主义的坚持，似乎也体现在这篇文章里。他把一位女性被分析者的男性亲戚的嫉妒和他们对妇产科医生的嫉妒相比。我把他的坚持称为还原主义，并不是去贬低性欲的重要性。当弗洛伊德说人们可能会反对他在朵拉的案例中跟一位年轻的女性讨论性事，因为讨论性也可以被体验为一种性亲密，这种说法是对的。他为自己的行为辩护，说这是治疗的需要，并保证他是以一种非个人的方式来谈论这些事情。他试图通过谈话的方式来进化类似的讨论。“中性化”（neutralized）而非

"净化"（decontaminated）是常用的比喻，但不幸的是这个比喻在许多版本的经济元心理学中被当成了某种具体的现实。"相对的自主性"（relative autonomy）（Hartmann，1939）是一个不那么有争议的比喻，但一定不要忘记，源自驱力的自主性永远不可能超过相对的自主性。我在谈论"驱力"时并不想讨论传统的弗洛伊德式的元心理学（Gill，1976）。我想传达的是性欲或许可以划分到一种我笼统称为自体的范畴。这种说法需要更广泛的讨论，但我在此并不打算这么做。但是我会说，弗洛伊德总体而言高估了性欲在神经症中的角色。这种对神经症中性欲的高估，可能与经典精神分析中对性欲的高估（即我所谓的还原主义）有平行的相似之处。

弗洛伊德说"尝试让自己对病人有一些温柔的感情并不是全然没有危险的"，这个警告十分贴切。我们可能突然间会比我们预想的走得更远。多年之后史崔齐（Strachey，1958：158）指出，弗洛伊德对费伦奇的实验表现了同样的害怕（Jones，1957：163）。如果弗洛伊德只说"正性的"而非"温柔的"情感，我们会不会觉得这个警告的说法同样还是个好建议呢？

弗洛伊德确实说的是一些个人经验。这里摘录了一段他在1909年写给荣格的信，事关荣格与他的病人斯比尔林之间的性事纠纷（McGuire，1974，letter 145F，230-31）：

> 这种经历，无论多么痛苦，都是必需的，很难避免。只有在经历过之后，我们才能了解生命，了解我们必须去处理的是什么。就我而言，我从未完全放弃，有几次我已经非常接近但侥幸逃脱了……但是没关系……通过那样的方式，我们的脸皮越来越厚，这是必需的。人在每次卷入时都要掌握好自己的反移情（反移情是无法逃脱的！），而且要学着转移自己的情感并妥善地安置。这是因祸得福。

弗洛伊德在这篇文章中透露了他对性的物理特征的厌恶。当他写到汤和水饺时，他指的是那些只接受"基本热情"、"本质就是儿童，不愿以心理来替代物质"的女性。他在此对心理与物质的划分，跟他通常对心理现实与物质现实之间的划分是有所不同的；后者的不同之处在于，对于明显相似的外在现实，不同的人可能有不同的心理体验，而前者的不同之处在于，思考和讨论性与进行实际的性行为是不同的。显然，不同的人对性活动本身和对性的思考或看法也可以有不同的经验。

我觉得弗洛伊德对性的物理特征另一个可能的贬低体现在他的这段论述中："构成诱惑的并非是病人露骨的肉欲。这些是较容易抵抗的，而且如果分析师认为这是一种自然现象的话，它还会唤起分析师所有的耐心。"他发现真正的诱惑隐藏在"微妙的、被抑制的愿望"之中（很明显这里传达了它们是身体欲望的衍生物的观点）。但是再一次，这里又出现了相反的观点。如我之前所说，他写到某个"美好的经历"以及"在爱的享受中，心理和生理的共同满足，可以说是其（生命的）巅峰时刻之一"。

控制-掌控理论

对于这篇文章中的一人/二人视角，我们还可以参照着约瑟夫·韦斯和其同事（Joseph Weiss et al.，1986）所提出的"控制-掌控"理论来加以讨论。他们努力试图通过系统研究来证明自己理论的正确性，他们攻击先前的理论，也就是分析师必须允许本能压力累积，这样才能协助分析师探索被压抑的到底是什么。弗洛伊德在这篇文章用节制这个词来进行强调："我会说这是一个基本原则，也就是说病人的需要和渴望应该被允许持续存在，这样，它们可以成为推动她接受治疗和做出改变的力量。"同样，弗洛伊德在更早谈论移情动力的文章（Freud，1912：108）中写道："他（病人）想将他的热情付诸行动，完全不考虑真实的情境。"

与此相对的是，韦斯等人认为，真实的情况是病人尝试通过让分析师参与某种神经症性的移情/反移情互动来考验他，这就是约瑟夫·桑德勒（Joseph Sandler，1976）所说的"回应的角色"（role-responsive）。如果分析师"通过了"考验，那么，病人就会觉得足够安全，可以表达那些被严格禁止的愿望。但是弗洛伊德也在这篇移情之爱的文章中把二人视角放在控制-掌控理论中来讨论。他说到"要考验她的分析师的严肃性"。他在此甚至用了一个和韦斯等人相同的词“安全”。他说如果分析师经过了“每一个诱惑的考验”，病人“将会觉得安全，进而允许她所有的爱的先决条件……均得以呈现”。这里，他再次使用二人视角：“阻抗正开始使用她的爱来阻碍治疗的持续，让她所有的兴趣从治疗中偏离，并把分析师置于一个难堪的境地。”

那么，弗洛伊德与韦斯等人观点的差异在哪里？弗洛伊德提供了一人和二人两种视角，但韦斯等人只提供了二人视角。确实，弗洛伊德把这两个视角糅合在一个公式里了。我之前引述了一个关于一人视角的论述，即：“病人的需要和渴望应该被允许持续存在，这样，它们可以成为推动她接受治疗和改变的力量”，接着掺杂的就是二人视角：“而且我们必须通过代理人的工作来安抚这些力量。”

那么弗洛伊德以哪个视角为主呢？答案是一人视角！虽然他有时候会含糊地认为这个考验只是“使事情更加复杂的动机”中的一个，但他又宣称自己和艾尔弗雷德·阿德勒（Alfred Adler）的观点不一样，他觉得阿德勒把这些视为“额外的动机……是完整过程中必不可少的部分”。

若是局限在一人的公式中，容易带来的一种危险是它们可能会被理解为一种自动重复。从这里出发，一个人很轻易就会假设一种神秘的、被称为“强迫性重复”的力量！病人重复了什么？本能的愿望？只以一人视角也可以给出答案。但或许也可以结合这两种视角，不去考虑本能驱力的本质这一备受争议的话题，可以说病人重复的是他习得的人际关系模式，因为这是受人类心理的本质所驱使的。

我注意到，弗洛伊德与韦斯等人在此都忽略了一种可能性，那就是当病人发现分析师并不脆弱时虽会获得部分缓解，但她也可能因这个证据和她固有的人性观相悖而感到困惑和恐惧。简言之，病人会陷入矛盾，而非像韦斯等人所想的那样只有一个唯一的计划。我也注意到，他们在概念化治疗师和病人的关系时所使用的“病人计划”，其实只是两人视角的一个有限的方面。正如我之前引用的内容证明，他们相信分析师应该而且可以是“中立的”，但是，从二人视角来看我觉得分析师是分析情境中的一个共同参与者。在这里我就不讨论如何在一种复杂的情况下定义“中立”了。

我在本文中聚焦的主要问题是一人/二人的二分问题，但弗洛伊德这篇精彩的论文介绍了许多更为重要的分析技术的观点，即使只是一笔带过，比如，强调精神分析中真理的中心地位以及对反移情的论述。弗洛伊德看到，分析师不仅需要与外在世界和病人做斗争，还要“在他心中与那种想把他从分析水平往下拉的力量”做斗争——在此，这暗示了显性性欲是低层次的。弗洛伊德对自由的理解也给了我们一个重要的暗示：“额外的心理自由，这可以帮助她系统地区分出意识（他已经使用结构理论了）与无意识的活动。”

他在晚期的《有止尽与无止尽的分析》（Freud，1937）一文中重复强调，分析师“知道他正在处理的是一种易爆的力量”。弗洛伊德提到了“这种治疗方法的高度危险”。那么，为什么至少我们之中的一些人还如此享受这个不可能的职业呢——抑或这本身就是其中的一个原因，至少对某些人而言？

性与爱

我也已经提到了性与爱之间的关系。我觉得应该把这篇文章命名为《这名为爱的东西是什么？》（*What is this thing called love?*），国外或年轻的读者会发现这是科尔·波特（Cole Porter）的一首流行曲的歌名。弗洛伊德的文章是关于性还是爱的？爱这个字在文中出现的频率要比性高得多。一方面，我已经注意到弗洛伊德暗指爱是性的衍生物，他也说过这是“坠入爱河的基础”；它“在很大程度上没有考虑现实，不那么敏感，不计后果……评估所爱之人时更加盲目”。

但是在论述中他又流露出一种对爱的不同理解的痕迹，他建议可以用爱来缓和情欲化移情：“我们认为，真正的爱能使她顺从，并且能帮助她做好解决问题的准备，这完全是因为她所爱的这个男人期待她这么做而已。”所以，真正的爱包含了对所爱之人的愿望的考量。这似乎是朝向一种更成熟的爱的一种进步。但我们不能做得更好吗？爱必须包含顺从吗？弗洛伊德的多面性中确实有男性中心这一面。无可争议的负性移情在哪里？那么相互性呢？即使是在不对称的分析情境里？难道我们不需要更清晰地区分心理和生理的满足吗？除了某些“少数怪异的、狂热的”精神分析师之外，世上所有的人都知道性与爱之间的鸿沟了吗？当然，弗洛伊德知道差别在哪里。那么，为什么还提心理性欲（psychosexuality）呢？

弗洛伊德称病人的爱是“表面上”的。因此他几乎在说，性在情欲性移情中伪装成了爱。弗洛伊德看待性欲在人类心理中所扮演的角色的框架是一人心理学：“在每一个神经症的治疗中，移情以赤裸的肉欲的形式出现，不管是喜欢的还是敌对的，虽然这既不是分析师也不是病人所希望或诱发的，但这个事实在我看来就是一个最不可置疑的证据，说明神经症的驱力就在性生活之中……据我所知，这个观点仍是一个决定性的观点，超越并凌驾在分析工作中那些更特别的发现之上”（Freud，1914：12）。另外，文中又有很多篇幅在讨论“爱”。这篇文章的标题是《移情之爱的观察》，而不是《移情之性欲》。再次，这两种关于爱的观点说明了一人视角、二人视角和一人/二人综合视角三者之间的差异。

总之，我认为，移情之爱在弗洛伊德的眼中只是他所提出的分析技术之最严肃的问题即“处理移情”中的一个“极其有限”的方面，而实际上我认为这个标题里还应该加上“与反移情”（处理移情与反移情）。在上述引言中，弗洛伊德将移情之爱看做移情“极其有限”的一面，这再次说明个人心理学同时也是社会心理学，他的二人视角可以应用在比这篇文章更为广泛的议题中。情欲化移情让布洛伊尔这一原始分析师（protagonist）仓皇而逃[1]。弗洛伊德（Freud，1925：27）并未逃走：

> 某一天，我经历了一件事，它让我清楚地明白了一个困惑我很久的事情，这与我某个最顺从的病人有关，为她做催眠给我带来了最惊人的结果……有一次当她从催眠中醒来，她伸出手臂环着我的脖子……我觉得我现在已经掌握了隐藏在催眠背后最神秘的因素。为了排除这个因素，或无论如

[1] 在写这里的时候，我听到玛丽安·道频（Marian Tolpin，1992）曾说过，我们指控布洛伊尔和安娜·欧之间所发生的事与实际发生是有很大不同的。我觉得为了对布洛伊尔公平起见，在这里需要提一下这点。但是，我对此事没有持反对意见。

何隔离它，有必要放弃催眠。

弗洛伊德并未逃走，但他放弃了催眠，而且他在其中一个主题著作中误以为他因此消除了自己在分析情境中所扮演的协同参与者的部分。他以为他正在“隔离”这种对病人而言神秘的因素。我觉得，“在一个主题著作”中，即使是他并未明说，但他觉得这都是因为病人的行为，因而他忽略了分析师的行为；但在其他的主题著作中，就像我这里所描述的一样，他又确实隐约地承认二人视角。

弗洛伊德的回应与布洛伊尔据说的做法之间的差异让二人视角生动地突显了出来。所以，现在我们拥有了弗洛伊德赠给人类的珍贵礼物。“人类”(mankind)这个词指的是人种，但它也充分说明了两性之间的关系。弗洛伊德关于移情之爱的论文写于1915年，我们可以理所当然地认为分析师是男性，而被分析者是女性。现在我们就不会这么轻易地认为了。所以，我需要再次强调这篇文章的主题。我们必须把二人视角和一人视角都视为分析情境中固有的、普遍存在的特点。

也许让分析师认识到自己在分析情境中的参与的最大障碍是，认为分析师可以选择参与或不参与的这个假设。重点是不管他愿意或不愿意他都参与了。他的参与被病人体验成各式各样的满足和挫折。这带来的技术上的启示就是，要觉察病人是如何体验分析师的参与(Hoffman，1983)，要在分析移情与反移情的互动中去处理它。如果分析师相信自己可以避免参与，即维持“中立”，那么这将阻碍被分析者对分析师参与的体验。

参考文献

Brenner, C. 1969. Some comments on technical precepts in psychoanalysis. *J. Amer. Psychoanal. Assn.* 17:333–52.

———. 1979. Working alliance, therapeutic alliance, and transference. In *Psychoanalytic explorations of technique*, ed. H. P. Blum. 137–57. New York: International Universities Press, 1980.

Doolittle, H. 1956. *Tribute to Freud*. New York: New Directions.

Ehrenberg, D. B. 1982. Psychoanalytic engagement. *Contemp. Psychoanal.* 18:535–55.

———. 1984. Psychoanalytic engagement, 2: Affective considerations. *Contemp. Psychoanal.* 20:560–82.
Ferenczi, S. 1928. The elasticity of psychoanalytic technique. In *Final contributions to the problems and methods of psychoanalysis*. New York: Basic, 1955.
Fredrickson, J. 1990. Hate in the countertransference as an empathic position. *Contemp. Psychoanal.* 26:479–96.
Freud, S. 1912. The dynamics of transference. *S.E.* 12.
———. 1913. On beginning the treatment (Further recommendations on the technique of psycho-analysis, I). *S.E.* 12.
———. 1914. On the history of the psychoanalytic movement. *S.E.* 14.
———. 1916–17. *Introductory lectures on psychoanalysis*. *S.E.* 16.
———. 1921. Group psychology and the analysis of the ego. *S.E.* 18.
———. 1925. An autobiographical study. *S.E.* 20.
———. 1937. Analysis terminable and interminable. *S.E.* 23.
Ghent, E. 1989. Credo: The dialectics of one-person and two-person psychologies. *Contemp. Psychoanal.* 25:169–211.
Gill, M. M. 1976. Metapsychology is not psychology. In *Psychology versus metapsychology*, ed. M. Gill and P. Holzman. New York: International Universities Press.
———. 1982. *Analysis of transference*. Vol. 1: Theory and technique. Madison, Conn.: International Universities Press.
———. 1991. Indirect suggestion: A response to Oremland's *Interpretation and Interaction*. In *Interpretation and interaction: Psychoanalysis or psychotherapy*, ed. J. D. Oremland, 137–63. Hillsdale, N. J.: Analytic Press.
Goldberg, A. 1988. *A fresh look at psychoanalysis*. Hillsdale, N. J.: Analytic Press.
Grünbaum, A. 1984. *The foundations of psychoanalysis*. Berkeley: University of California Press.
Hartmann, H. 1939. *Ego psychology and the problem of adaptation*. New York: International Universities Press.
Hoffman, I. Z. 1983. The patient as interpreter of the analyst's experience. *Contemp. Psychoanal.* 19:389–422.
———. 1991. Discussion: Toward a social-constructivist view of the psychoanalytic situation. *Psychoanal. Dialogues* 1:74–105.
———. 1992. Expressive participation and psychoanalytic discipline. *Contemp. Psychoanal.* 28:1–15.
Jones, E. 1955. *The life and work of Sigmund Freud*. Vol. 2. New York: Basic.
———. 1957. *The Life and Work of Sigmund Freud* Vol. 3. New York: Basic.
Kanzer, M. 1975. The therapeutic and working alliances. *Int. J. of Psychoanal. Psychotherapy* 4:48–68.
———. 1980. Freud's "human influence" on the Rat Man. In *Freud and his patients*, ed. M. Kanzer and J. Glenn, 232–40. New York: Jason Aronson.
Kohut, H. 1971. *The analysis of the self*. New York: International Universities Press.
Macalpine, I. 1950. The development of the transference. *Psychoanal. Q.* 19:501–39.
McGuire, W., ed. 1974. *The Freud/Jung Letters*. Princeton, N. J.: Princeton University Press.
Mitchell, S. 1988. *Relational concepts in psychoanalysis*. Cambridge, Mass.: Harvard University Press.

Muslin, H., and Gill, M. M. 1978. Transference in the Dora case. *J. Amer. Psychoanal. Assn.* 26:311–28.

Oremland, J. D., ed. 1991. *Interpretation and interaction: Psychoanalysis or psychotherapy.* Hillsdale, N. J.: Analytic Press.

Protter, B. 1985. Symposium. "Psychoanalysis and truth": Toward an emergent psychoanalytic epistemology. *Contemp. Psychoanal.* 21:208–27.

Racker, H. 1968. *Transference and countertransference.* New York: International Universities Press.

Sandler, J. 1976. Countertransference and role-responsiveness. *Int. Rev. of Psycho-Anal.* 3:43–48.

———. 1991. Comments on the psychodynamics of interaction. Paper presented at a panel entitled "Interaction" at the fall meeting of the American Psychoanalytic Association, New York, December 21, 1991.

Schwaber, E. (In Press.) Psychoanalytic theory and its relation to clinical work. *J. Amer. Psychoanal. Assn.*

Stein, M. H. 1981. The unobjectionable part of the transference. *J. Amer. Psychoanal. Assn.* 29:869–92.

Stern, D. B. 1985. Symposium. "Psychoanalysis and truth": Some controversies regarding constructivism and psychoanalysis. *Contemp. Psychoanal.* 21:201–08.

Strachey, J. 1958. Note preceding Freud's "Observations on transference-love." *S.E.* 12.

Tolpin, M. 1992. The unmirrored self. Paper presented at Chicago Regional Psychoanalytic meeting, March 14, 1992.

Toulmin, S. 1986. Self psychology as a "postmodern" science. In Commentaries on Heinz Kohut's *How Does Analysis Cure? Psychoanal. Inquiry* 6:459–78.

Weiss, J.; Sampson, H.; and the Mount Zion Psychotherapy Research Group. 1986. *The psychoanalytic process: Theory, clinical observation, and empirical research.* New York: Guilford.

精神分析过程中的俄狄浦斯悲剧：移情之爱

费迪亚斯·赛西欧[1]（Fidias Cesio）

据琼斯（Jones，1953：75）的说法，弗洛伊德认为这篇论移情之爱的论文是他写得最好的技术文章之一，它处理了移情特别是对分析师个人的移情的基础议题。

弗洛伊德给移情下了两个定义：一个是在《梦的解析》（Freud，1900：550）中，移情指的是无意识的想法在前意识里的表征；另一个出现于朵拉案例（Freud，1905:7）的结语中，移情指的是对分析师这个人的移情。关于后者，弗洛伊德论述道："它们是在分析过程中被唤起并成为意识的冲动和幻想的新版本或复写；但它们有一个特性，这是它们家族的特点，那就是它们用医生这个人代替了某个较早时期的人物。换言之：所有的心理体验都被复活了，它并非属于过去，而是应用在当下的这个时刻的这个人——医生身上。"

说起"移情之爱"，弗洛伊德在此指的是当移情溢出了设置而直接要求满足时，这或多或少是直接的性表现。弗洛伊德对此的比喻就是"逻辑是汤水，论点是饺子"[2]。

弗洛伊德强调，要解释病人的材料即前意识表征的移情，特别是自由联想的词汇这些信息相对来说是容易的；但他让我们注意处理对分析师的移情

---

[1] 费迪亚斯·赛西欧是阿根廷精神分析协会的培训分析师和培训督导师，也是该协会的学术秘书长。

[2] 艾克霍夫（Eickhoff，1987:103；参见之前的一篇）认为，弗洛伊德的这个比喻来源于海涅的诗《流动的老鼠》。

时固有的困难。“这（对分析师的移情）似乎……是截至目前整个任务中最艰难的部分。学习如何解释梦，如何从病人的联想里萃取出无意识的思想与记忆，以及去使用相似的解释的艺术，这都是容易的：因为病人自己总会提供文本的。移情（对分析师的移情）是这么一件事情：要发现其存在，几乎没有任何辅助，仅能依靠极少的线索”（Freud，1905：7）。

这个介绍旨在强调伴随着基本的性欲移情而来的阻抗，这不可避免地会在分析中出现，如果不能完全解决，会发展成移情之爱——一个会让治疗结束的真正的戏剧。弗洛伊德的最戏剧化的例子就是布洛伊尔与安娜·欧的故事（Freud，1920），尽管这并不是来自于一个正规的精神分析式治疗。在这个案例里，我们应该强调的是，布洛伊尔作为一名原始分析师（protagonist）的角色以及这个案例的悲剧色彩，这可以等同于我们所熟知的“负性治疗反应”。质疑神经症的性欲病因的布洛伊尔，与安娜·欧开始了一种强烈的“移情之爱”，结果是他与妻子的关系出现危急并最终决定中断治疗。这段经历带来的结果是，布洛伊尔放弃了神经症的性欲病因的理论，并结束了与弗洛伊德的合作关系。在弗洛伊德看来，这个事件所造成的后果是让精神分析治疗的发展在前十年里停滞不前。

俄狄浦斯情结。在这篇文章里，弗洛伊德只谈论了女性病人对她的精神分析师的移情之爱。不过观察显示，移情之爱也可能发生在男性病人与女性分析师之间，以及病人与其同性别的分析师之间。换言之，移情之爱的发展与我们在理解狄浦斯情结的解除中发现的爱的可能性有关。不管是女孩还是男孩，其第一个爱的客体都是母亲，然而其他的变体则是原始俄狄浦斯戏剧的变迁所演绎出来的结果，以及它们在俄狄浦斯情结解除过程中的再度符号化（resignification）。

分析师的能力。虽然我们可以说，在显性层面上出现的移情之爱是一种始终潜藏在分析中的感觉，但它通过次级的俄狄浦斯情结（恋母情结）表现出来。在我的经验里，在一个进展良好的分析中直接出现移情之爱的情况是很罕见的，迄今为止我只在一个案例中观察到这种情况，那时我刚开始工作，并不是那么有经验。在弗洛伊德的例子中，安娜·欧这个案例是治疗师尚未准备分析移情所导致的治疗结果。在朵拉这个案例的结语里，弗洛伊德自己向我们展示了，这个治疗是如何因为他并未发现分析过程中发展出来的移情之爱而失败了，这是朵拉对 K 先生的爱的一种重复，他甚至指出朵拉可能从他这接收到了一些让她困惑的态度。

我们的观察让我们得出这样的结论，移情之爱的出现是分析师未能在其出现初期察觉到它并通过解释解决它的结果。我们假设，呈现在布洛伊尔为主角的移情之爱中的阻抗和据弗洛伊德所说的精神分析前十年的发展停滞中的阻抗，和许多分析师今天所谈论的“精神分析危机”是相同的。精神分析师所激发的“死者的灵魂”呈现在这俄狄浦斯式的、乱伦的、悲剧的移情之爱中，若不能被充分聆听和解释，治疗将被摧毁。

结果。弗洛伊德说到移情之爱可能会有三种结果：医生和病人形成一种“永恒的法律意义上的结合”;“医生与病人分开，并放弃了他们已经开始的治疗”;“他们进入不合法的恋爱关系”。这三种结果经常混合在一起，互相遮掩。举个例子，分析也许因为某个最终显露出阻抗的乱伦特质的原因而中断，因此会在一段时间“进入不合法的恋爱关系”，这累计到最后就是“永恒的法律意义上的结合”。在第二种可能中，最常见的是，中断发生前会出现一些由无意识的嫉妒所激发出来的强烈的临床表现，如在布洛伊尔（安娜·欧）和弗洛伊德（朵拉）案例中那样。

分析技术与移情之爱的出现。现在让我们想想最终会导致移情之爱出现的精神分析技术的特点。“这个现象屡见不鲜，众所周知，它是精神分析理论基础之一”，病人“必须接受爱上她的分析师是一个无可脱逃的命运”。

那么是什么导致了这种结果？我们将在精神分析会谈开展的设置中，尤其是节制原则的设置中来寻找答案。

病人必须躺在躺椅上，看不到分析师，不付诸行动。他（或她）所能做的就是自由联想。分析师也处在一个相同的位置上，那就是坐在他的扶手椅上，倾听病人的话语，并加以解释。分析在节制中严肃地进行，节制包括对任何直接性活动的禁止，这后来成为一种禁忌——乱伦禁忌。在具体实施这种禁止时，分析师站在超我的位置上——父母——而被压抑的乱伦暗流现在则在病人与分析师的无意识关系中得到了表达，这塑造了基本的移情，并引起了移情之爱。

节制。节制“禁止” 了可以让乱伦的兴奋付诸行动的渠道。 当此兴奋并未在解释中找到解决方案时，剩下来唯一的途径就是无意识的活动了，一种无意识和另一种无意识之间的沟通创造出了病人与分析师之间的直接认同，并生成了他们之间的一种俄狄浦斯的移情戏码。 这以其极端的表现形式取得了我们在这里考虑为“爱” 的形式。

我们应该牢记，当我们谈论移情之爱时，设置已经改变了。 自由联想——因其隐喻的特质而定义——已经被它的性欲基础和随后要求直接满足的需要所取代了。

这些思考提示我们，要把移情之爱付诸行动的压力是如何被矫正的。这里重要的是识别、解释这些词汇和行为中的移情特质及其它们的隐喻和象征意义，并因此去重建分析情境的设置。

嫉妒。嫉妒感是原始的、自恋的、乱伦的自我的表达的一部分，它与移情之爱如影相随。 弗洛伊德把嫉妒归咎于病人的“亲属”，但这些“亲属” 只是表面的材料而已；嫉妒感在病人与分析师间的乱伦移情中十分活跃，而且起到了摧毁分析的基本作用。 在这些矛盾的表现形式里，我们发现了原始的、乱伦的、俄狄浦斯结构的悲剧色彩，在那里，爱与谋杀是分不开的。

虚拟、真实、现实、实际。以弗洛伊德的话来说，随着移情之爱的出现，病人“放弃了自己的症状，或不再关注它们；确实，她宣称她好了。场景完全改变了，就好像某个虚构的片段突然被插入的现实所打断一样，举个例子，就如同在戏剧演出当中有人高喊失火了一样”。

为了比较虚拟（virtuality）——这种移情在精神分析治疗设置背景下发生的特殊现实——与当移情溢出设置并被付诸行动时需要的现实（reality）两者之间的差异，我们在精神分析情境中来勾画一下虚拟 ［或真实的（real）］ 和现实这两个词的含义。

即使在治疗中严格坚持了基本的规则，但是总会存在一些视为“实际”（actual）干扰的改变，它们会以情感或其他典型的实际神经症（actual neurosis）的表现进入到意识之中，比如说焦虑、不舒服、疲倦、嗜睡、躯体症状等。这些改变与植物（自主）神经系统-纤维素-体液系统相关。虽然这些表现几乎是不明显的，但它们有一种现实，这种现实不同于那种抛弃了设置并付诸行动的现实。“虚拟” 或“真实的” 这个词描述的是这种情况。另外，说起现实我们指的是那些伴随着抛弃设置并付诸行动时出现的表现。当弗洛伊德谈论移情之爱的三种可能“解决方法” 时，我们正在处理的是“现实”，这些都代表了付诸行动，正如我们之前所说的，这些都意味着一种从当分析在设置中进行时的“虚拟的” 或“真实的” 场景到“现实” 的转换。

虽然移情总是某种程度的阻抗，但阻抗在移情之爱中是特别强烈的。如弗洛伊德所说，虽然爱的某些方面已经以阻抗的方式出现，但却是以病人的顺从与理解行为而表现出来的；但是，当爱以移情之爱出现时，治疗师会尝试把其乱伦的根源意识化，这种一开始以正性的顺从和理解力的形式而出现的爱，发展成了一种更强烈的阻抗，可能最终难以驾驭。

分析师的角色。了解分析治疗当中移情之爱出现的一个中心议题是分析师的角色。移情的概念包含了病人和分析师，以及理解其中一人是如何体验另一个人的体验的。虽然从表面上看病人的爱在前景里，但分析师却扮演着主角。是分析师指导着分析的进行，他通过态度的无意识部分和解释，唤起和塑造着病人的移情反应。在一个谨慎进行的分析中，当分析师使用严格的技术，在移情被付诸行动之前就通过分析自由联想来解释它的各种变迁，那么有具体特征的移情之爱是绝不会出现的。相反，在少数移情之爱出现而且我们可以对其调查的案例中，我们得出这样一个结论，即由于分析师的高度“热情”（一种原始的、被情境所唤起的如驱力般的情感），移情很少且并未被充分分析。这种传递出具有乱伦悲剧基础的移情的情感，侵入了自我并推动它付诸行动。解释的建构是缺失的，又或者被分析师的热情用在了别处。因而他引导着病人进入了移情之爱，这是一个精神分析的悲剧，因为就像负性治疗反应一样，结果多半是精神分析的死亡。

自由悬浮的注意力。在治疗会谈中，治疗师眼中的病人形象是由各种不同的外在知觉汇聚而成的产物：视觉的、听觉的、嗅觉的以及触觉的。

但在这些感官知觉上，我们必须添加一些会影响这些心理器官知觉表层的无意识知觉：语言、思维和情感。分析师会给知觉带来外在的或内在的根源。分析师倾听病人自由联想的声音——一些听觉的画面在他的无意识中激活了，这与一些他自己的语言相呼应，而且他推测这是源自病人的。这些图像，与概念连接在一起，形成了语言符号，在这些符号中源自分析师无意识的多种移情汇聚起来，最后有意义的文字形成了。知觉与移情的总合在分析师心中形成了一个无意识的形象：病人是客体。另外，病人与分析师之间不可思议的、复杂的无意识沟通，也为基本的认同提供了基础。当以共时性（synchronic）的角度来分析时，这种认同与那些被弗洛伊德（Freud，1923）从历时性（diachronically）角度所描述的直接的、早于任何客体贯注的第一认同相呼应。这种认同是心理器官的基础结构（最初的自恋性自我、绝对的原始性自恋自我与乱伦的自我），它们参与构建治疗会谈中涌现的情感和转移到病人意象上的那些无意识的想法。

在这段描述中，很明显，分析师操作了自己的形象与他赋予现实的客体即病人的意象。这种投射定义了病人。这些结构压抑得越厉害或埋藏得越深，越属于无意识的范畴，那么它们的现实特质就越浓烈。

负性反移情。从这些思考可以看出，分析师在移情之爱的发展中所扮演的角色十分明显。正如刚才所陈述的那样，通过分析过程和分析发生的设置，意象病人成了一个移情的接收者，接收了分析师压抑的意象，包括埋藏（untergang）在分析师无意识中的自恋、乱伦的意象（Freud，1924:73）。通过这样的方式，病人的意象获得了乱伦的意义，这对分析师连贯的自我而言是不利的。自我通过赋予它现实意义以防御创伤的入侵。一种负性移情因此形成了：分析师会体验到病人是个威胁着要带入某种乱伦结构的人。如果分析师能觉察到他正在体验的情境，那么这些移情会刺激分析工作；否则，压抑将会以排斥病人的形式出现，俄狄浦斯悲剧的高潮是分析的中断。可能也会有不同的结果，也就是说，分析师的自我可能会参与到这种乱伦的行动化之中，俄狄浦斯戏剧、带着乱伦色彩的暴力，会在分析情境里被建立起来。

反移情。所有这些似乎都在说，分析师是移情之爱发展中的主角，并且是他自己定义的。 这些考量引导我们去回顾一下反移情的概念。 根据这个概念，在精神分析的过程中，分析师体验到了自己对病人材料的反应，那是他对病人移情回应的产物。 当我们意识到分析师是主角，而病人的移情是他所构思出来并归因于病人时，那么反移情这个概念就失去了价值；我们可以简单地说，病人的材料是一种反移情，因为那是对分析师移情的回应。事实上，那是一种移情游戏，最终在自我分析中发现这一点的分析师，是那个定义它们、阐明它们、让它们意识化、赋予它们属性的人。 就是在这种自我分析（Freud，1910：139；Cesio et al.，1988）的基础上，分析师发现了那些他用来定义病人的移情。

俄狄浦斯悲剧与俄狄浦斯情结。要理解埋藏在本我中的自恋的、乱伦的悲剧结构，这种在移情之爱的发展中凸显出来的结构，我们需要区别俄狄浦斯悲剧与俄狄浦斯情结概念的不同。

在《自我与本我》（Freud，1923：31）一文中，弗洛伊德断言，在心理的基础中存在着一种原始的俄狄浦斯结构，俄狄浦斯的原始幻想导致了“最初且最为重要的认同……很明显这一开始不是一个客体贯注的后果或结果；它是一种直接和即时的认同，比任何的客体贯注发生的都要早”。 这些原始的认同是认同的基础，某个后验的形式形成了俄狄浦斯情结；它们塑造了理想的自我，也就是自我理想的先驱。 这些原始幻想包含了俄狄浦斯情结的根源，即涉及在占有母亲-妻子的斗争中弑亲和弑父的乱伦，正如弗洛伊德在他对原始的神秘时代的记录中所描述的那般。 在精神分析的过程中，可以从乱伦的浓缩形式中发现那个神秘时代的证据。 它策划了对母亲-妻子性占有的斗争，它的临床表现就是负性治疗反应，移情之爱是它所采用的形式之一。

因此，可以说有两种俄狄浦斯结构：一种是带着自恋、热情和悲剧特质的乱伦结构，即俄狄浦斯悲剧；另一种则是在与自己的父母（也有其个人的历史）一起修通前者时产生的结果，即俄狄浦斯情结，弗洛伊德在《自我与本我》中把它描述成兼具温情和矛盾的特质。 至于它们的表现，后者寻求抑制的性目标，它的症状就是那些神经症的症状。

负性治疗反应。在一些分析里，在数年的治疗之后和当它们发展到已经有一种强烈的性欲的正性移情的氛围时，当治疗效果达到我们的期待时，我们要面对病人提出的我们无法在分析设置中满足的要求，因为这将构成越矩。与此同时，在支配性的热情中，嫉妒情感出现了，并伪装成爱的要求，它可能变得如此暴力以至于会威胁到治疗，从而形成我们所知的负性移情反应（Cesio，1960；Obstfeld，1977）。这种反应的悲剧的俄狄浦斯的特点让我们推测其情感基础的呈现就是移情之爱，它蛮横地溢出了设置的限制。现在呈现在移情之爱里的是，那些被压抑或埋藏于无意识中的东西。它以这种自恋性的表达方式复活了。那“美妙的婴儿”——阳具，再度出现在病人与分析师这对完美的结构中。这些是“会杀人的爱”，是会以摧毁它强烈渴望得到的东西而终结的热情。这种爱寻求的是对客体的绝对占有，可以达到摧毁它和自我摧毁的地步。

悲剧与阻抗。总体来说，移情之爱以一种自恋的乱伦的表现形式呈现出来，这是一种悲剧式的表达，而且在极端的情形下，它可以随着分析的进展被带到接近于意识的层面，且伴随着我们所描述的负面结果。需要补充的是，弗洛伊德认为，这种爱的负性特质被阻抗的利用强化了。

自恋的自我与连贯的自我。如前所述，移情之爱的分析显露了心理器官的双层结构。在移情之爱、乱伦之爱中，我们一方面发现了构成其基础的自恋的、悲剧的自我的表现形式；另一方面也发现了那些连贯的自我的表现形式：知觉的、道德的、伦理的自我，它潜抑了那些属于自恋的自我的感觉。如果这些感觉进入意识当中，它们可能会遭到强烈的排斥，或者会伪装成性器期的自我而被接受。因此，阻抗的两种极端表现形式如下：病人、分析师，或两者都认为这种爱是真实的但又不可能，这让他们觉得要中断治疗并分道扬镳；或者去寻求满足，同样最后分析也会画上句号。弗洛伊德说，分析师或病人对这些感觉的排斥（即使出于伦理原因）或者接受，都是阻抗的产物，而分析师只能通过分析技术来处理它们。

分析技术的考量。当移情之爱出现时，一种解决方法可能是，分析师意识到他没有权利接受病人的喜爱之情，他“把社会道德的要求以及克制的必要摆在那个爱上他的女人面前……而且成功地让她放弃欲望并克服她的动物本能继续进行分析工作”。弗洛伊德在此称为动物本能的，对应的就是原始的自恋自我的类驱力和乱伦的表现形式，对它来说，乱伦的追求是“自然的”；而伦理的要求对应的是连贯的自我。弗洛伊德继续说，这些解决方法都是虚假的，必须用“分析技术的考量” 取代。这源自于这样的一个想法，即所有以禁止为基础的解决之道都是无效的，因为毕竟禁止本身就是一种乱伦的表现形式（乱伦总是牵涉到谋杀与阉割，之后通过超我的禁止来表达）。不过，说明分析设置、建立节制这一原则是针对付诸行动的基本原则，这些又都是分析进展必不可少的，因为它通过移情把乱伦的组织带到了前景。在说明设置就是“禁止”直接的性活动的行为中，分析师是乱伦的主角，但是正如弗洛伊德所说，他应该可以通过“分析技术的考量”，也就是说，把它作为一种技术上的设计来将那些基础——神经症发展的源头——带到移情之中，因而使精神分析治疗成为可能。

节制。弗洛伊德说：“宣称分析师要回应病人的喜爱，但同时要避免通过身体来表达这种爱意，直到医生有一天能把这种关系导入一个比较平静的渠道，并将其提升到一个更高的层级”，这样的说法也是徒劳无功的。他补充道：“精神分析的治疗乃是建立在真理之上的。这一事实包含了很大的教育和伦理价值。” 这段话的结尾是这样的：“因此，我认为，我们不该放弃对病人的中立，这一点要通过我们持续检验反移情才能保持。” 之后，他总结道：“要让分析师放弃治疗是不可能的……她必须从分析师那里学习如何克服快乐原则。”

当反思弗洛伊德为分析师参与病人移情之爱所做的限制时，我们发现，技术原则证明这些限制是合理的，正如他所说的那样。弗洛伊德说，通过社会道德要求来让病人放弃她的欲望这不是个问题，因为这些一定会以过程的驱力而出现的，但是，如同我们已经指出的，他并未分析设置的强化，如他所说的，那是一种剥夺——也就是说，它意味着禁止。

这是一种技术设计，会把神经症病源中的性欲需求与剥夺带入当下的分析情境中，因为，从根本上而言，神经症是建立在受挫的爱之上的，这种爱会在治疗中复原并寻求满足。现在那些从移情之爱中浮出水面的东西，原则上要受到节制原则的检验。因此，节制的设置重复了原始的挫折。神经症患者是尚未发展出足够的伦理原则的人，因此，有必要通过要求病人“（克服）她自己的动物本能”去强化一个可以取代这些原则的设置。另外，如同弗洛伊德所指出的，分析师或多或少地也会因为“受挫的爱”（与病人相似）而遭受痛苦，虽然它们的强度应该是不同的，他也会通过设置来持续审视它。设置的强化补偿了神经症固有的道德缺陷，将“需要和渴望”转化为“迫使病人去工作和改变的力量”。

格拉迪瓦（Gradiva）。如同弗洛伊德所指出的，当分析师在现实中直接回应病人爱的需要时，他只是给她提供了代理而已，因为到此为止，移情本身是虚构的[1]，这是病人无法找到某个能充分满足其需要的客体导致的结果，而分析师或者他的形象，只是许可了愿望的实现罢了；他只是一个梦的形象，而梦的实现会让清醒的多数时刻更加苦涩。在弗洛伊德对格拉迪瓦的精彩分析中（Freud，1907：7），我们发现了一个移情之爱的例子。在故事的发展中，我们在汉诺德（Hanlod）的幻觉中发现了一个虚构的（愿望满足）、被激发的情感中的“真实”，以及最后的“现实”，即汉诺德和佐伊（Zoe）进入了一种恋爱关系。经由一个综合了幻想、幻觉与现实的过程，汉诺德在当下体验了其婴儿期的爱情。这是一种作为分析的结果而出现的移情之爱。因为在汉诺德这个案例中，蕴含着“真实”意义的移情幻想是如此的真实，以至于它们最终获得了“现实”的效能。它早期的、自恋的特质显示，这是一种神经症的爱，它很快就会暴露它乱伦的本质，带来一个与原始命运相似的命运，即分析中断这个“悲剧”和压抑或埋藏，这些压抑或埋藏现在因“觉醒的”客体的离开变得明显并最终浮出表面。

乱伦。移情之爱乱伦的、自恋的根源决定了它不利的、禁忌的特质，以及它悲剧的、暴力的结局，其标记符号是乱伦中不可分离的成分——“谋杀”。如前所述，有乱伦移情的分析师是主角，病人取代了他原始客体的位置。病人的移情因此与分析师的移情融合在一起，而这些移情的付诸行动主要是出于分析师的移情，因此那也是最强烈的阻抗。

分析师的目的。弗洛伊德强调，如果分析师满足了病人爱的需求，那么

---

[1] 我们没有考虑到移情中的“真实”品质。我们只想澄清“现实”与“想象”的差异。

“病人会达成她的目的，但他绝不会达成他的目的”。我们发现这个观点是有问题的，而且我们觉得它恰恰是相反的。经验显示，在这些案例中，通常是分析师达成了缓解他自己的神经症的目的，因为如果他一直保持在设置的框架内的话，就不会有这样的结果了。病人的“目的”是要缓解她的神经症痛苦。出现在精神分析过程中的性欲移情干扰了她的目的，不过这仍然是隐性的。分析师在他的神经症回应里，把病人的性欲回应当成了她的治疗目标。当他们觉得分析师真的了解他们的“目的”时，病人会很感激分析师，这个推动着他们在分析中做出无尽的努力和付出的目的，正是希望被分析的。

真实与实际。我们可能会说，这些对节制需要的考量是基于以下想法和观察的，那就是当出现在分析情境中的爱变成“现实”时，这样的分析师就被摧毁了。我们应该记得，分析师的戏码是技术和设置，一方面诱发出乱伦的性欲移情，同时又让它们受挫。这种移情既不是一种想象的（imaginary）重复游戏，也不是“现实”（reality），而是我们称之为“虚拟的”（virtual）或“真实的”（real）东西。“想象的”指的是再现的游戏；“现实”是指戏剧化地将物质世界付诸行动；而“真实”，则指的是表达的基础，是情感，所有这些都产生了“实际”的表现：那些没有被重新标记的表现。

因此，分析在剃刀的危险边缘滑动，很容易落入这个或那个极端，也就是说，要么是“想象的”，要么是付诸行动，又或者两者兼具，因为当分析维持在“想象的”的情境中时，“真实的”部分会在无意识中发展，直到最后溢出达到付诸行动的程度，也就是成为“现实”。在朵拉的案例中，弗洛伊德强调，对他而言，分析梦（想象的）是容易的，但他却不能分析对他个人的移情（实际的、真实的），这最终导致了付诸行动，也就是分析的中断。

在我们看来，分析空间是“真实的”，因为虽然它不是付诸行动意义上的现实，但它包含了语言和其他的图像，以及情感的表现，我们把此统称为一种躯体-植物神经系统、细胞-体液和不随意肌的外形。通过自己的参与，分析师觉察到这些改变并根据病人的回应做出推论。当这些实际的体验溢出了设置的限制，并大规模地损害了连贯的自我时，它们最终会暴露出乱伦的性欲特质，并形成移情之爱。

概念的简明定义将有助于我们厘清差异。“真实的” 意味着发生于治疗设置中的戏剧，借以从焦虑到温柔等一系列的情感进入意识。 这是一种原始的经历，是无意识的一种或多或少的直接呈现。 同样，当我们把这个术语应用在焦虑神经症上时，它也是“实际的”。“行动” 这个词意指了一个描述基于自由联想的分析而来的实际戏剧的动词结构，它会导致将行动置于历史中考量的重构。

坠入爱河。移情之爱中的爱与分析之外的爱，两者有何差异呢？ 弗洛伊德强调我们在两种形式的爱中都发现了婴儿期反应的重复特质，以此来证明两者之间的一个差异是出现在分析当中的“爱” 被当作了阻抗来使用。由此我们可以推测，对弗洛伊德来说，正常的坠入爱河并不是一种阻抗。但是，我们很好奇，坠入爱河是否不总是一种对生殖器之爱表达的阻抗，因为它具有类似驱力的本质，似乎是对阉割焦虑的一种反应，虽然它否认此情况，然而生殖器之爱却是通过扩展病人与父母（有自己的个人历史）之间的俄狄浦斯情结转化而来的阉割焦虑的结果。

“正常之爱”与移情之爱。虽然正常之爱与移情之爱有许多相似之处，但弗洛伊德发现后者“具有一个特殊的位置。 首先，它是被分析情境所激发出来的；第二，它被掌控大局的阻抗大大强化了；第三，它在很大程度上没有考虑现实”。 我们相信，第一个特点毋庸置疑地定义了移情之爱，当它在治疗设置的“真实的” 限制中得到节制的支持时，我们认为它就是如此产生的。 毕竟，我们在分析设置中发现的所有表现形式都与情境之外的表现是不相同的，因为分析师会把它们当作材料以及可以发现无意识的阻抗。 一旦他停止了分析师的工作，也就是，当他抛弃了治疗设置，那么移情之爱就会变成一种与那些发生在分析设置外的情境可以相提并论的表现形式。 之后，这种被精神分析情境所激发出来的爱是否会到达极端强度并转变成移情之爱，这很明显取决于分析师维持设置的能力。

至于“它被阻抗大大地强化了” 这个特点，我们并不觉得这是个显著的特征，因为，正如之前所述，精神分析情境之外的爱情，也会被对生殖器之爱的阻抗“大大地强化”。

第三点也是令人质疑的，因为“很大程度上没有考虑现实” 是所有坠入爱河的特点。 俗话说：“爱情是盲目的。”

共时性与历时性。截至目前，移情之爱是一个实际的乱伦的俄狄浦斯戏码，有着类似驱力的表现形式，本质上呈现了以强迫性重复为主导的无意识。 从这个观点看来，它是原始的，没有历史，就像真正的神经症（Cesio et al.，1988；Marucco，1982：31）。 经由解释与建构，我们把它引入了一个时间的、历时的维度，从而将其视为一种婴儿期之爱的重复。

当我们分析构成治疗会谈材料的画面与体验时，我们注意到，我们可以在它们当中发现所有可以想象的结构，而且它们都是“实际的”、共时性的，其中一些比另一些更为明显。 这些发现取决于对未伪装的发现的阻抗程度；最晚发现的，而且是最重要的，往往是阻抗最为强烈的。 我们可以在此做个总结，我们谈论的是一个共时性的概念，与无意识的无时间性（atemporality）一致，而无意识正是由此进入了意识。 阻抗在时间顺序的建立中变得无所遁形；最强烈的阻抗发现得最晚，最后发现的会以经验上的词汇来表达，并且威胁着要付诸行动，正如移情之爱那样。 根据阻抗的强度，时间顺序和因果顺序被建立起来了：首先出现的也成为后出现的原因。因此，我们把俄狄浦斯情结的自我——原初的、乱伦的、自恋的自我——放到了起源的位置，而且我们把它称为原初的自我（original ego），这是之后所有自我结构的基础。 这一系列结构可以用一种在移情中同步出现的时间顺序来描述。 其中，移情之爱最直接地显露了被压抑或埋藏的俄狄浦斯结构。

解释与建构。当弗洛伊德把“分析技术的考量” 置于所有其他方法之上时，他已经暗示了分析移情之爱的技术方法。 朵拉的案例就是最好的例证。 弗洛伊德对移情做了一个老练的分析，即从无意识的想法到叙述梦和自由联想中的词语；但他在结语中指出，他无法分析针对他个人也就是分析师的移情进行分析。 接着，他告诉我们，朵拉的话中包含了打开经验中的俄狄浦斯戏码和两人之间“行为” 的钥匙，在这里他扮演了主演的角色。之后，他提出解决之道应该是去解释和建构那个他担任主角的“行动”，可以使用的说法如下:“你把对 K 先生的感情转移到我身上了。你有没有注意到自己有任何让你怀疑我有与 K 先生类似的邪恶意念吗(不管是公开的或以某种升华的形式)?或者,在你的幻想中,你对我有什么印象,或者对我有任何了解,就像以前对 K 先生一样?”朵拉对 K 先生的热情的联想,让弗洛伊德得以发现她的力比多组织的历史,也透露了她与弗洛伊德之间正在发生的潜伏的、实际的爱的情景。她对与 K 先生之间情景的描述,就是与弗洛伊德之间实际情景的隐喻。最终,弗洛伊德的论述显示,这种解释与建构(Cesio et al.,1988)的缺失造成了治疗的终结和俄狄浦斯的“悲剧”,这是此类案例常见的结局。

我们的假设是,如果能在正确的时机做出解释和建构,那么移情之爱就能找到进入意识的途径,而对移情之爱的审慎分析可以通过约束其无意识的情绪成分来解决移情的问题。因此,实际的戏码具备了一些重复其他经验的特点,特别是婴儿期的经验,随后它进入了时间的维度,也就是说它变成了历史。意识到这些记忆只是一种在当下与分析师之间的复活,就有可能把力比多从使它悲剧的、不可能的那些原始的、乱伦的固着中解放出来,在逐步获得的意义的帮助下,引导它走向一个次级的俄狄浦斯结构(Cesio,1986)。

俄狄浦斯悲剧。移情之爱激起了最强烈的阻抗,同时移情之爱也是最强烈的阻抗。通过把移情之爱带到意识之中加以发现并修通,分析师陷入了乱伦并对这个危险的悲剧充满恐惧。分析师的处境与俄狄浦斯相似,他在调查与分析的过程中发现,他自己就是谋杀了拉伊俄斯(Laius)且与伊俄卡斯特(Jocasta)性结合的乱伦-谋杀剧中的主角;结局是悲剧。我们相信这种恐惧阻止了分析师的调查,让他选择了另一种“解决方法”,那就是付诸行动,悲剧本该在此停止但最终还是重演了。

参考文献

Bergmann, M. S. 1982. Platonic love, transference love and love in real life. *J. Amer. Psychoanal. Assn.* 30:87–111.

Cesio, F. 1960. El letargo: Contribución al estudio de la reacción terapéutica negativa. I y II *Rev. de Psicoanálisis* 18:10–26, 289–98.

———. 1986. Tragedia y muerte de Edipo. *Rev. de Psicoanálisis* 43:239–51.

———. 1987. Tragedia edípica. Sepultamiento. Acto. Transferencia y repetición. *Rev. de Psicoanálisis* 44.

Cesio, F.; D'Alessandro, N.; Elenitza, J.; Hodara, S.; Isod, C.; and Wagner, A. 1986. La "palabra" en la obra de Freud. *Rev. de Psicoanálisis* 39:897–922.

Cesio, F.; M. Davila, M.; Guidi, H.; and Isod, C. M. 1988. Las intervenciones del analista. I. La interpretación: Interpretación propiamente dicha y construcción. *Rev. de Psicoanálisis* 45:1217–40.

Eickhoff, F. 1987. A short annotation to S. Freud's "Observations on transference-love." *Rev. Psycho-Anal.* 14:103.

Freud, S. 1900. *The Interpretation of Dreams. S.E.* 5.

———. 1905. *Fragment of an analysis of a case of hysteria.* Epilogue. *S.E.* 7.

———. 1907. Delusions and dreams in Jensen's "Gradiva". *S.E.* 9.

———. 1910. Future prospects of psychoanalytic therapy. *S.E.* 11.

———. 1920. An autobiographical study. *S.E.* 20.

———. 1923. *The ego and the id. S.E.* 19.

———. 1924. The dissolution of the Oedipus complex. *S.E.* 19.

Jones, E. 1953. *Sigmund Freud: Life and Work.* Vol. 1. London: Hogarth.

Marucco, N. 1982. Transferencia idealizada y transferencia erótica. *Rev. de Psicoanálisis* 39.

Obstfeld, E. 1977. Más alla del "Amor de transferencia." *Rev. de Psicoanálisis* 34.

失火的呼喊：一些对移情之爱的思考

乔治·卡内斯特里[1]（Jorge Canestri）

一个重要的语义场

如我们所知，这篇论文是弗洛伊德引以为豪的一篇作品，倘若读者尝试着把它和多年前弗洛伊德写给荣格和帕斯特·费斯特（Pastor Pfister）的信件放在一起思考，那么将会看到一个独特的语义场。

我本章的标题源自原文本。弗洛伊德提到，有些时候分析情境会发生改变，“举个例子，就如同戏剧演出当中有人高喊失火了一样”。另外，精神分析师从事的是一项具有“易爆力量”的工作，而在他的实践中，一如医疗实践，火是必需的，因为“那些火也治不好的病，可以说是无法治愈了”（摘自希波克拉底）。

在1909年2月9日写给费斯特的一封信中，弗洛伊德声明牧师的工作和精神分析都是建立在情欲性移情之上的。这封信在一种高潮的气氛中结束，释放出“火花”并挑起“火焰”，来点燃新的、熊熊燃烧的“激情”。

毋庸置疑，弗洛伊德完全清楚他在语义上的选择。在写给费斯特的信一个月之后（1909年3月9日），他给荣格写了一封长信，回答他两天前收到的信件：

---

[1] 乔治·卡内斯特里是阿根廷精神分析协会的培训分析师和培训督导师，也是意大利精神分析协会的会员。

我们会被自己操作的爱诋毁和灼伤，这些都是我们会在工作中遇到的危险，但非常明确的是，我们不会因此而舍弃我们的职业。航行是必需的，但生活不是（原文为：Navigare necesse est，vivere non necesse，拉丁谚语）。还有，“既然已经和恶魔一起生活了，那又何必害怕小小一搓火焰呢?”我想这多半是爷爷会告诉我们的话。我想到这段话，是因为当你在描述你的生活体验时，陷入了一种明显的神学风格。当我写信给费斯特时，类似的事情也发生过，我用了一组关于火的明喻，火焰、大火、火葬等。我情不自禁；我对神学的崇敬让我把注意力锁定在这句引文上（!）：“没关系！那犹太人正在火堆上焚烧着!”

我得放弃弗洛伊德引文中所涉及的参考材料（从歌德到莱辛），虽然它们饶富趣味，因为我回顾的主要目的是想说明，这两位分析师之间的信件是关于著名的荣格-斯比尔林事件的。在重新检视移情之爱时我们将会发现，这个案例绝非是无关紧要的，且不该被贬抑为单纯的诋毁，事实上，它似乎并不是这样。

一如我们注意到的,《移情之爱的观察》中所构筑的语义场与这些信件有一致之处。值得强调的一点是，弗洛伊德认为他对火的比喻是“情不自禁”的；当他写到情欲性移情时，他也运用了所有关于火的类比，虽然这跟对神学的敬畏没有什么关系。我认为，这显示出了这个主题本身的必要性：热情在心理生活与分析治疗中的意义、价值和使命。

重释：对文本和概念问题的特别关注

为了能够让我们对弗洛伊德学派的理论有个概括性的认识，同时又可以回顾一些尚无定论的问题，我会特别重释文本中的一些专业术语和概念难题。为了方便讨论，我把它们分为以下几个主题❶。

❶ 一些英文的参考文献来源于英文标准版。德文的参考文献来源于G. S.（Freud，1925）。

1. 在涉及处理移情的最大困难中，弗洛伊德选了一个特殊的情境：病人爱上了她的分析师（在这里需要注意的是，调查的范围被武断地限制了：病人是女性，分析师是男性）。这个事实无论对现实层面还是对理论效度而言都很重要。

2. 这篇论文中的第一个技术指示是针对分析师的一个“警告”（warning，*Warnung*）、一个训诫：分析师必须知道如何去控制任何反移情的倾向。除了义务上的考量，这里还有两项动机，它们有理论上的关联度，对此我们应该要牢记在心：①爱恋的现象会出现，是因为它“被分析情境所诱发了”，德语的措辞稍加强烈，即“强迫”（*erzwungen*）。②因此，病人的爱与所爱客体的特质没有任何关联（在这里，爱的客体就是分析师）。客体是无关紧要的，情境才是罪魁祸首。

3. 那么我们所检视的情境到底有什么特质呢？弗洛伊德的描述引人深思，并且激起了许多评论。这里有完整的一句引文：“场景完全改变了，就好像某个虚构（Spiel，124）的片段被突然插入的现实（Wirklichkeit，124）所打断一样。举个例子，就如同戏剧演出中有人高喊失火了一样。”这种想象与现实的区别是十分有意义的，而且也隐含着技术和概念上的差异。火的例子，如同之前所指出的那样，是关于热情的语义场的一部分。

4. 虽然还未宣判这种侵入性的爱的本质到底为何，但是弗洛伊德无疑深信它是一种阻抗。我们必须牢记，这里所用的阻抗一词，是依据《梦的解析》中所阐述的定义，即任何阻碍了分析工作进展的事物，均被视为一种阻抗的表达。这个解释的模型与他认为病源核心附近的阻抗最强的旧概念，以及他后期的一些补充和近期的观点，即避免痛苦的回忆和替代重复（Freud，1914a）相呼应。即使这个模型也会被精神分析思想中的后续分歧所取代。

5. 病人并非是从无到有地（*de novo*）“制造”出了她的爱。长久以来，分析师已经能够识别她“喜欢移情”的征兆；德文的原词是“*eine zärtlichen Übertragung*”，即一种温柔的移情。这种态度对治疗而言是有作用的，但是现在所有的事情都颠倒过来了。移情之爱被用来对抗治疗，用来将分析师置于“难堪的境地”，德文是 *peinliche Verlegenheit*，即一种痛苦的尴尬，而这种状况很难克服。换句话说，病人正在尝试将死（checkmate）她的分析师。面对这些热情与阻抗、变成阻抗的热情和伪装成热情的阻抗的复杂混合，弗洛伊德不禁好奇：分析师可以做些什么呢？

6. 这个问题的答案是这篇论文的重点之一。对弗洛伊德而言，“举世皆然的道德标准”（义务论）很明显是没有多大用处的，因此他尝试“追溯道德处方的源头”。他认为其源头是一些与精神分析实践有关的技术上的考量。如此一来，伦理与科学密切地结合起来，道德原则在科学中也找到了它们的“比例”。

但弗洛伊德所诉诸的理论与技术考量是什么呢？文本中的这一段话可以清楚地回答我们：“分析技术要求医生应该拒绝病人渴望爱被满足的需要。治疗必须在节制下进行。”这里的一些暗示促使我要区分一些术语。德文中与“否决”（deny）对应的词是 *versagen*。这里的英文翻译是正确的，因为它正是关于否决（deny）［也就是拒绝（refuse）］病人要求的。当一个人对某人说“不”并拒绝了他或她的需求时，这里所隐含的问题是涉及关系的。史崔齐通常会将名词 *Versagung* 翻译为挫折（frustration），而挫折与满足（frustration-gratification）这一组合会引起很多歧义（参见 Laplanche 和 Pontalis 的精彩文章，1967）。节制（*Entbehrung*：剥夺、克己）是治疗的驱动力，弗洛伊德迅速地提出了大家所熟知的节制原则，即精神分析的基本原则（*Grundsatz*）之一。我们可以看到，这种将基本原则定义为分析构建的基础的文风在该文本中出现了两次，而且每次都很遒劲有力。

但是，节制为何是治疗的驱动力呢？因为，分析师能为病人提供的除了代理别无其他，因此除了欺骗她之外，他还会让这些推动工作和改变的需求与欲望日趋饱和。

7. 第一项基本原则是伦理与技术之间的结构纽带产生的结果。第二项基本原则，弗洛伊德把它定义为热爱真理。弗洛伊德说，在把精灵从地下召唤上来之后再把它们强迫送回去，是反分析的。“热情很少受到崇高演说的影响”。没有任何可能的妥协之道，因为“精神分析的治疗乃是建立在真理之上的……偏离这个基础是危险的……既然我们严格要求病人真实，那么如果我们让自己偏离真实而这被她们逮个正着的话，我们所有的权威就丧失殆尽了”。

正如我们所看到的，基础的概念带着充分的威力再次出现。对分析师来说，偏离真理的态度说明分析师没有考虑对真理的渴望，这承载且构成了精神分析工作的基础。除了不道德之外，偏离真理对治疗无益，因为分析师能诉诸的唯一权威——既非奠基在幻象之上也非奠基在暗示之上——会因此失效。倘若分析师背叛了赋予分析工作意义的对真理的渴望与尊敬，他就违背了自己的角色与功能。在这一点上，弗洛伊德是绝不妥协的：任何形式的讨价还价都是反分析的，任何的妥协都是背叛（这是弗洛伊德的原话）。这两个原则，前者把分析师的拒绝（*Versagung*）与不满足病人欲望（节制）的必要性关联在一起，而后者将对真理的探索提升为精神分析治疗的基本法则，这两者是精神分析伦理学的基石。

8. 可以从这些观察中得到什么样的技术指示呢？更简单地说，可以做什么呢？和病人相比，分析师不能放弃从控制反移情中而得来的中立。如我们所知，弗洛伊德学派很少提及反移情这个概念；许多相关的技术指导是源于后弗洛伊德学派的思考，我在这里简要地提一下。

让我们在“中立”上徘徊一下，这个概念在一些当代学派里不那么受欢迎。首先值得一提的是，在这篇论文当中，弗洛伊德并不是说中立（neutrality），而是冷淡（indifference）。实际上，与此相关的原句是：“因此，我认为，我们不该放弃对病人的中立”，德文的原文是：“*Ich meine also, man darf die Indifferenz*…”（我的意思是，人们应该冷漠）。冷淡（indifference），这个似乎比中立更苛刻的词，并不等于不考虑他人的痛苦或者缺乏共情（在莱克之后科胡特对这个技术术语做出了特别贡献）。这个词的优点在于，它通过词汇建立的理论连结定义了病人谈话（自由联想）和分析师倾听（均匀悬浮注意）的基本原则。因此，分析师的“冷淡”，对应的是一种同等供应（equal availability）的态度，是一种平均分配的注意力，对病人提供的各种“素材”不差异对待。拉普朗什曾强调过这种连结（Laplanche，1987）。

9. 因此，我们既不能满足也不能压抑移情之爱。 分析所遵循的道路是一条“真实生活中没有典范”的道路。 移情之爱一定会被体验，情境中能萃取出分析的内容，也就是相关的幻想、 性欲的主要特性、 早期的客体选择等必然会呈现出来。 这是唯一能让我们调节并逐渐转化爱欲热情的方法。

病人的安全感取决于分析师维持分析功能的能力，对这一事实的觉察将有助于分析师在这方面的努力。

但是，我们可以依据这些事实确信移情之爱，这种在治疗中出现的由多重热情组成的移情之爱，就不是真实或真正的吗？ 肯定不能。 这一点毫无疑问。 在这里强调阻抗利用了爱是对的，但是阻抗不创造爱。 它使用了爱。 认为病人宣告并索取的爱不过是过去爱的重版的这种断言，不是一个站得住脚的观点；弗洛伊德肯定地质问自己有哪种爱不是早期情境或早期客体选择的复制品。 所以，移情之爱是真正的爱。

10. 然而，有一类病人，或者说是一组病人（弗洛伊德说是女性），“为了分析工作的目的，试图保留她们的情欲性移情” 的治疗是不会成功的。 弗洛伊德这种随意的论点是很薄弱的，也让他的论文前后不一致。 实际上，这些女性的“基本热情” 是什么呢？ 我们将会看到，对此问题的进一步尝试将会在后弗洛伊德学派的思想中开辟出一片富饶的田地。

一些方法上的考量

到目前为止，重释文本让我们能更严密地审视弗洛伊德所提出的技术问题，就像是拿了一个放大镜一样。 我们已经快速推测了许多已经被提出的技术问题，或者，你喜欢的话，也可以说是元心理学的难题。 在此，为了说明不同的精神分析学派是如何处理移情之爱这个问题的，我们有必要拓宽一下视角。

在浏览了关于移情的大量参考书目后我们做出的第一项观察，这些相互对立学派的学者之间（如自我心理学和拉康学派）有着令人震惊的一致意见：他们都认为移情理论在不同的分析流派中是一个精确而基本的判别式。格林森（R. Greenson，1967：151）坚称："精神分析中的每一项偏离，都可以用看待移情现象的偏离视角来阐述。" 这项观察结果提醒我们，移情之爱只是一种特殊的移情模式。虽然我们讨论的这篇论文很明显地就局限在这一种模式上，但是我们也不该忽视不同的精神分析流派在进一步阐述移情概念时理论上的差异，我们无法在此展开这些讨论。

对于这种不可或缺的方法论的要求，我们还可以再做一个补充。所有的理论都有其内在的一致性与连贯性，精神分析理论也不例外。把某种理论或模型中的一项元素隔离出来，而不去考量它作为一个整体在复杂系统中所占的位置以及它与系统中其他元素之间的关键连结，这并非明智之举。这里有个贴切的例子：温尼科特（D. W. Winnicott）在 1945 年发表的《原始情绪发展》（*Primitive Emotional Development*），1956 年发表的《论移情》（*On Transference*）。后面这篇论文中所描述的移情在临床上的多样性，与前面 1945 年的论文中所提出的想法有着密切的连结。倘若驳斥了关于原始发展的理论，或许温尼科特分析的移情模式并不会作为一个临床事件消失，但他对分析师"行为态度"（actitudes）的考量就找不到理论支持了。

自 1915 年弗洛伊德发表这篇论文之后，各种理论对移情做了进一步的阐述，它们扩展和修正了弗洛伊德学派的概念，无论我们更喜欢哪一个精神分析学派都无法否认这一点。同样，弗洛伊德在发展新驱力二元论（Freud，1920）以及自我的分裂的理论考量时，他自己已经在某种程度上拓展了他的整个理论，尽管他未对移情理论有进一步的详述。

此外，移情是一个精神分析实践的概念，桑德勒等人（J. Sandler et al.，1969）将之称为精神分析的"临床时刻"（clinical moment）。如同这些学者们已经敏锐地注意到，总是要把它和元心理学联系在一起也不是一件易事。

弗洛伊德对破坏性驱力的概念化和它们对分析冲击的考量"姗姗来迟"，由于他自己明确和直接的决定，他从来都没有涉及精神病病理的治疗。我们接下来会看到，这样做会带来一些后果。

对问题的重新审视

我尝试在此简要地总结一下之前重释的一些问题。

1. 弗洛伊德将他的观察局限于男性分析师与女性病人之间的分析工作。没有理由确信移情之爱只会发生在这样的关系里。格林森（Greenson，1967）坚称，在他的经验中，移情之爱在男性对男性的分析中并不明显，除非病人宣称自己是男同性恋。与此相应，女性病人与女性分析师之间应该也缺乏移情之爱，同样的，除非是明显的女同性恋案例。这些状况都没有完全描述今天的临床情境。说男性病人与女性分析师之间没有移情之爱的存在，也不见得是正确的；说两位参与者是同性而不涉及同性恋时没有移情之爱的存在，更不一定正确。

相反，以下几点需要考虑：①论述男性病人与女性分析师之间移情之爱的参考书籍非常稀少，如果不是完全不存在的话；②有可能这些案例中的移情有需要去研究的特性（Lester，1985）；③费尼切尔（Fenichel，1945）提出，男性及女性病人均会对男性及女性分析师发展出两种形式的（父性的和母性的）移情，这个观点虽然无可争议，但还不足以描绘在临床观察中所发现的客体关系的多样性；④分析师的“真实”特质（在这里指的是性别）以及它们对分析过程的影响，有必要进一步关注和研究。

拉斯特（E. P. Lester，1985）、古德伯格和伊凡斯（M. Goldberger & D. Evans，1985）、陶丽斯（E. Torres de Bea，1987）和珀森（E. S. Person，1988）等对这个主题进行过有趣的反思。

2. 我之前引用了弗洛伊德的说法，即恋爱的现象会出现是因为它是“被分析情境所诱发（或激发）”的。如果我们从弗洛伊德的伦理观和对未来分析师的劝诫来看，那么这句话也很容易解释。另一方面，倘若“诱发”或“激发”有着因果意义——弗洛伊德对这种解释的态度摇摆不定——那么便有必要明确定义这些术语了。综合来看，这需要明确恋爱的现象究竟是分析情境自身的结果（因果意义），还是源于病人的内在客体世界，只是在分析中被突显出来。显然，要在这两个立场中做个取舍，不仅仅要考量移情之爱，还需要考量整个移情现象。毋庸置疑，弗洛伊德相信移情是一种常见的不依附于精神分析式治疗的心理现象，并且会在日常生活的许多场合中出现。

然而，麦卡尔平（Macalpine，1950）曾强调，病人已经做好了移情的“准备”，接下来会把它转为一种对分析情境的“移情反应”（transference reaction）。拉嘉什（D. Lagache，1951）的想法与此相同，他描述了节制原则的作用在于“刺激”病人的退行（regression）及移情反应。在拉普朗什（Laplanche，1987:161）评论“制造”移情——通过暗示诱发移情（这不一定是分析师这方明显的主动的引诱，而是一种更无意识操作的结果）——这个概念中隐含的危险时，他假设分析治疗因其一些特征与规则，“包含了某种对性觉醒条件的结构性复制”。因此，他和拉嘉什与弗洛伊德的某些观点一致，弗洛伊德认为移情是分析情境的产物，虽然他与拉嘉什和麦卡尔平的理论观点有所不同。

从这个观点来看，要全面解释在分析中或有时从第一次会谈中就出现的那些强烈情欲化的精神病性或近似于精神病性（parapsychotic）的移情，似乎还是不可能的。我们会在第10点中有更多的论述。

弗洛伊德的劝诫也强调了一个事实：作为爱的客体的分析师其个人特质很大程度上是无关紧要的，这与弗洛伊德对自恋（Freud，1914）在力比多组成中所扮演角色的解释一致。实际上，他能够说移情（transference）而不再是那些移情（transferences）这一事实表明他理解了移情的力比多本质。《论自恋：一篇导论》（*On Narcissism: An Introduction*）中的一段话可以说明这点：

然后，他（神经症患者）会从那些拥有他所没有的优点的自恋类型中选择一个性理想，通过这种方式寻找到一条从对客体挥霍无度的力比多消耗返回到自恋的道路。这可通过爱来治愈，而一般说来他更希望通过分析来治愈。确实，他无法相信其他的任何治疗方式；他通常带着这样的期待来做治

疗，并将它们指向分析师这一个人。病人因为过度压抑而导致的爱无能，自然而然地阻碍了这种形式的治疗计划。

随后，病人的爱无能和对被爱的期待，这也是病人带入治疗并作为治疗目标的东西，通过“恋爱”——我们所称的移情之爱来解决。拉康（Lacan，1991）很好地阐述了这种在自我与客体之间的替换（从爱人到被爱，反之亦然）。

直到《群体心理学与自我分析》（Freud，1921），我们才对这些隐含的问题有了一个完整图像：置于理想自我（或自我）位置的客体、客体的理想化、理想自我所扮演的角色、作为理想客体的分析师所扮演的角色。格里纳克（Greenacre，1966a & 1966b）在两篇文章中探索了对分析师的“过度理想化”（over-idealization），以及可以塑造某种特定移情形式的分析。

我们在此对自恋在移情之爱中所扮演的角色的快速回顾，不能充分说明这一现象的复杂性和多样性，仅是尝试遵循弗洛伊德探究爱恋现象的道路，借以从精神分析中排除任何可疑的暗示。

3. 弗洛伊德将分析情境比作“某个虚构的片段”，这一说法再次证明了他在移情概念上所呈现的模棱两可和摇摆不定。一方面，在分析情境中把热情的入侵比作现实的入侵；另一方面，戏院的专用术语，如“场景的改变”“某个虚构的片段”“戏剧演出”，都暗示着一种“好似”（as if）。

这里所提出的问题不可避免地会得到多种类型的回答。曼诺尼（Mannoni，1982）感叹，我们在处理移情现实的特质时所拥有的语汇多么有限。像“真实的”（real）、“幻觉的”（illusory）、“想象的”（imaginary）、“虚构的”（fictional），似乎并不足以去描述分析体验的一些特定方面。他得出一个结论，倘若一个人必须要讨论“想象的”与“真实的”，那么移情之爱当然是属于现实这一边的；它与真正（genuiness）的特质是一致的，而弗洛伊德早已经赋予了它这个特点。即使如此，曼诺尼坚持使用弗洛伊德的“戏剧”语汇，还参考了费西纳（Fechner）著名的“其他场景”（other scene）（*ein anderer Schauplatz*，一个被弗洛伊德引用多次的词），因而她倾向将移情描述为“想象的”。

从与曼诺尼完全相反的角度出发，我们会遇到一个类似的困境。举例来说，倘若我们带着对移情之爱的特别关注来分析自我心理学中“工作同盟”（working alliance）这个概念，我们也会碰到同样的阻碍。蔡策尔（Zetzel，1956）与斯通（Stone，1961）在格林森（Greenson，1965）提出“工作同盟”这个概念之前，提供了一些先行的经验。说起移情之爱，格林森认为当移情反应呈自我协调（ego-syntonic）的时候，第一步便是要“让移情反应与自我不相容（ego-alien）。这个任务是要让病人的理智自我意识到他的移情感受是不现实的，是基于幻想的，并且带有一些不可告人的动机”。但难道弗洛伊德没有说过，崇高演说（也就是，针对理智自我的演讲）在面对热情时是没有用的吗？

针对这个理论与技术的提案，可能存在许多反对的声音：既然让阻抗起作用的（如同弗洛伊德在这一篇文章中所定义的）正是避免面对病态核心的自我，那理智自我真的存在吗？既然弗洛伊德将移情之爱定性为真正的，为什么还要说移情之爱是非现实的呢？难道这个技术规范不就是把现实的准则交到分析师的手里，让他们判断哪些热情是真实的、哪些不是，到底要以谁的权威为准？难道弗洛伊德没有明确指出所有的爱都是基于幻想且有着不可告人的动机吗？

现在不是进一步探究这些异议的时候，因为这远远超出移情之爱治疗的范畴了；我的意图其实是要指出，即使遵循了格林森所提出的理论导向，我们仍旧会承担“好似”和操纵的风险。

也许弗洛伊德自己的答案比较一致。用“真实生活中没有典范可循”来形容分析经验，承载着热情的重担。因此，没有一个满意的类比可以说明分析工作，在其中，移情之爱必将会被体验，这样方能从情境中萃取出分析的独特事物：幻想、性欲的特质、早期客体选择，如第9点所述。

4. 对于被移情之爱推动的阻抗，所有的精神分析流派均有一个相对的共识。但对于以重复过去来替代记忆的重要性，可能有着较大的分歧。虽然大家比较同意客体选择的实际模式复制了内在的“铅版”，但对于重复这个点的共识度没有那么高。拉康（Lacan，1973）提出，移情并非是先前的经验、古老的欺骗或爱情的骗局的阴影，而是病人欲望与分析师欲望的一种相遇。在拉康看来，重复这一概念是值得认可的，因为它把强制性重复（*Wiederholungszwang*）和死亡本能联系起来了。附带提一下，如果我们还记得第 3 点的讨论，那么分析师欲望与病人欲望的相遇这一想法为我们呈现了移情与移情之爱的产物（以及普遍意义上的爱）的另一种模式：这次是一种诡计的模式。

5. 在治疗过程中，某个时期出现的和有功能的“喜爱移情”和正性升华的移情的重要性，在不同的理论和技术流派中也是截然不同的。显然，在那些支持治疗联盟这一分析过程前提条件的学派看来，这种形式的移情扮演了一种主要的、正向的角色，而对于那些重视深度解释和尽早解释负性移情的学派，如克莱茵学派，它则没有那么重要。

6～7. 关于弗洛伊德对道德和技术在分析过程中的结构关联，我们无需做进一步的讨论。但是，基于真理在分析工作中的核心地位也许会提出一些关于真理概念本身的问题。它貌似严重依赖于临床经验中所得到的结论，而非依赖一些在分析经验之前便已存在的关于真理的先验概念。

这种推理源自于一个临床原则，即拒绝（*Versagung*）去满足病人的要求，也就是剥夺（节制），倾向不满足愿望以便在流动中持续探索。这是一个技术规范。分析师对真理的渴求、他的拒绝，让病人真正的欲望得以浮现并接受分析。

据我们所知，拉康（Lacan，1973）对分析工作的这一方面非常坚持。拉康学派的主要论点强调在某些移情概念中隐含着反射性（specularization）和暗示的风险。如果就像弗洛伊德在这篇作品中所阐述的那样，当分析师面对病人表达的爱意时，他发现很难因这种想象的“征服”而自豪，因为这种爱的客体是绝对冷淡的，分析操作应该着眼于促进对其他（内在）客体的寻找，一个为任何（真实的）客体赋予了它自己都不具备的价值的客体。

在这一层面，拉康派移情理论的枢纽是幻想的功能和（更精确地来说）幻想的客体的功能。许多精神分析学派可以从它们的模型中识别出有自己特色的理论[1]。

8. 在已经指出伦理和技术的连结在精神分析中的重要性之后，很明显，除了移情之爱带来的特定技术困难之外，弗洛伊德进一步察觉到一些它对反移情的作用问题。布洛伊尔与安娜·欧的经历起到了警告的作用，而一些其他的个人观察则可以追溯到弗洛伊德与荣格的通信。因此，假使反移情的控制是伦理与技术均衡的结果，也许我们现在就要怀疑弗洛伊德到底有没有在某种程度上低估了热情在分析中的重要性。值得回顾的是，他曾经宣称我们对于情绪过程的心理知之甚少（Freud，1926：appendix C)。自1973年开始，在发展与延续这条我们已知的思路中，安德烈·格林（André Green，1990）坚称，弗洛伊德对于分析中的热情和“疯狂”问题没有给予充分的理论与临床解答，而实际上这两者都必须被接纳，并通过分析来分享。虽然弗洛伊德的确没有建议驱走恶魔，但或许当它们变得太过累赘时，他已经准备好宣布与它们对话是不可能的了。因此，这个恶魔就成了无法分析的精神病或者是“基本的热情”。

9. 对于弗洛伊德形容的那类只对“逻辑是汤水，观点是饺子”敏感的病人、那些他觉得有“基本的热情”的女性，精神分析对其思考的演化带来了对移情之爱的分类。根据吉特尔森（Gitelson，1952）与拉帕波特（Rappaport，1959）的说法，是布里茨斯腾（Blitzsten，1944）首先提出情欲化移情是移情的一种形式，它偏离了较为正常的情欲性移情，但是他从未记录过。他们提到这与他们自己对反移情的研究、对分析师参与制造了这种一开始就有着过度情欲成分的移情［拉帕波特称为“现成的移情”(ready-made transference)］的研究有关。在此，我们发现移情一个伴有夸大的韧性的弱点、一种对任何修正或转化的巨大阻抗、一种强烈的依赖、一种对“挫折”的难以忍受［即无法忍受分析师拒绝（*Versagung*）满足她

[1] 众所周知，拉康派建构的独特性就在于假设的极端差异，以及幻想客体的特性——客体“小 *a*”，一个不能反射的客体。对于这个部分客体的概念，有一些与此相关和不同的讨论，但这不属于本章要调查的范围。

们对爱的要求]、一种对分析工作的相应阻抗，以及一种在索取爱时表现出来的巨大破坏性。

吉特尔森与拉帕波特两人都强调分析中病人第一个梦的诊断和预后的重要性，即当分析师以个人的形式出现的第一个梦。这清楚地显示了“原始关系”（original relationship）与当下情境的过度接近。有必要进一步研究分析师在这种移情的产生中到底扮演了怎样的角色。情欲性移情与情欲化移情之间的差异已经被提到移情之爱的词汇与概念化中来讨论了。不管是隐性的还是显性的，这两种形式的移情之爱已经可以区别开来：第一种在本质上是神经症性的，第二种则是精神病性的。这些观点的逻辑后续结果便是由埃切戈延（Etchegoyen，1986）所提出的更为广泛的假说，涉及情欲化移情的数种“临床形式”：严格的精神病性的（妄想的与狂躁的）、倒错的、精神病态的（psychopathic）、边缘状态的症状表现等[1]。

然而，如我们之前所说，参照的范畴越广泛，对这一主题的讨论就越能获益。我们必须记得，弗洛伊德所宣称的具有“基本热情”的病人的可分析性上的限制，是源于他把精神病病理学排除在分析之外。更甚之，直到写完了这篇我们正在讨论的论文之后，弗洛伊德才意识到破坏性在精神病病理中的重要性。

我们已经提过斯皮尔林和荣格的这个“案例”。因为女性病人有“狂热爱恋”的先例，而荣格在精神分析伦理上存在重大失误，斯比尔林（Spielrein，1912）不仅给弗洛伊德带来了她在移情中的疯狂这一真理，也在某种程度上开创地呈现了破坏性的重要性。虽然弗洛伊德无法思考它，但能够欣赏它，这可以从他于1912年3月21日写给荣格的信件中推断出来。

所以，我们承认情欲化移情会以不同的形式在分析中出现。但对于弗洛伊德宣称的关于某类特定病人的不可分析性，我们的回答是，如果我们把弗洛伊德从临床工作中排除的内容，即精神病和精神病水平纳入临床情境与分析反思中来考量，那么它在某种程度上是可以被分析的。毫无疑问，对严重的精神病病理的临床考量会引领着分析师去研究这些问题并建构关于原

[1] 本文在此不做更多讨论。参见Etchegoyen，1986。

始发展的假说。关于情欲化移情治疗的不同理论与技术的发展史，对应的是一个更广阔的发展史，即关于心理生活最早期状态的不同理论和技术。但现在并不是讨论这种研究的时候。

我们完全可以说，从把精神病病理纳入临床工作考量的那一刻起，精神分析中关于移情特殊性质的文献就变得十分充足，而且移情的概念（特别是移情之爱）也变得更为广泛且发生了转化。

或许最大的改变发生在克莱茵学派当中。克莱茵工作的前身可以追溯到亚伯拉罕（Abraham，1908）与费伦奇（Ferenczi，1909）的工作。但自1940年起，梅兰妮·克莱茵（Klein，1952）开始将移情视作一种无意识幻想，一种“总体的情境”，她强调负性移情和部分客体在移情中的重要性。是她的弟子们之后在对精神病病人的“经典”分析中检验了克莱茵观点的一致性。特别要感谢西格尔（H. Segal）、罗森菲尔德（H. Rosenfeld）、拜昂（W. R. Bion）（仅列出其中一些）等人的工作，我们今天才获得了大量关于精神病病人分析的知识❶。这种从临床工作和精神分析理论上对精神病病理的接纳，不仅仅只是丰富了克莱茵学派。马勒等人（Mahler，1975 & 1976）以及瑟尔斯（Searles，1965）代表了其他派别的理论，但他们并不是唯一的几个❷。

然而，根据这些学者们的说法，识别情欲化移情的精神病本质只是次要的。首要的是，它深化了我们这部分的病理知识，并因而了解它们的表现形式，甚至是移情的一种早期的、持续的、阻抗的情欲化水平（这就像是用分析师和分析来进行一项困难的试验）。当病理的考量拓宽了，那么移情之爱的形式也会拓宽。例如，边缘性病理便是这样一个例子（见 Kernberg，1975）。

在总结时，或许我们应该质问一下，将情欲化移情与精神病或边缘性的病理进行同化是否合理，虽然相当一部分文献已将其视为理所当然。

---

❶ 参见，例如，罗森菲尔德（H. Rosenfeld，1963 & 1964 & 1987）关于精神病中的移情之爱。

❷ 想要对移情的多重概念和这个概念发展到包括重性精神病和原始发展等的变迁历程有一个全景的了解，请参见日内瓦第十九届国际精神分析大会上发表的关于移情的论文，发表于《国际精神分析杂志》的第37卷。其中有两篇，作者分别是斯皮茨（Spitz，1956）和温尼科特（Winnicott，1956），他们研究了移情的表现与早期母子关系之间的假设关系，为某些移情问题的新见解开辟了道路。

实际上，并不是所有探索过这个主题的分析师都认为这种等同是合理的。例如，布卢姆（H. Blum，1973）与孔恩（S. J. Coen，1981）将情欲化移情或者移情的性欲化延伸到所有类型的病人。两人均假设病人在生活中经历了诱惑的情境和早期的创伤。贾丁尼（Gaddini，1977 & 1982）认为，情欲化是一种有效且基本的防御，而病人会在分析进程的不同阶段中以不同方式来使用它。

从另一个理论观点来看，即使是安德烈·格林（André Green，1990）都坚称热情和疯狂必须与精神病的移情分离开来。在他看来，所有的移情都包含了热情与疯狂（移情精神病有着自己独特的特质，毋庸置疑，情欲化移情在其中扮演了重要的角色）。格林的一些概念，比如“被动化”（passivization）和融合（回到母婴之间的“疯狂”），都对治疗情欲化移情很有帮助（André Green，1973 & 1990）。沿着同样的思路，我们可以忆起拜昂关于人格中“精神病部分” 的想法，以及温尼科特提出的母婴关系中的初次融合（inaugural fusion）这个概念。

总而言之，可以说移情之爱在精神分析中仍旧居于中心地位。我们已经见证了这种特殊的热情的火焰是如何让布洛伊尔仓皇而逃、如何给荣格留下烙印的，以及如何让弗洛伊德着手进行深入探索的过程。今天，我们承认在一些个案当中，这个问题仍旧很难用精神分析的工具来解决。有些时候，分析师有了某种程度上的觉察时，治疗已经中断了。有些时候，他可能因无法准确地掌控自己的反移情而不能对这样的情境做出相应的回应。对于那些第一次分析和因分析师的性欲付诸行动而使治疗告终的病人，每位经验丰富的分析师都愿意对他们进行第二次分析。治疗这些病人的临床经验显示，这些将性欲付诸行动而结束的分析是如何由分析师造成的，它的影响有多大的破坏性，它在多大程度上影响了病人从新的分析中获益的可能性。然而，据我所知，实际上没有关于这个主题的文章。除了弗洛伊德呼吁我们重视伦理和热爱真理之外，我觉得，这些重新分析可以代表一个最为可贵的研究领域，可以照亮这些案例中的移情之爱，在这些案例中，病人与他的第一位分析师都陷在困境之中，而无法发出“失火的呼喊”，不能用分析的方法来解决这种体验。

参考文献

Abraham, K. 1908. The psycho-sexual differences between hysteria and dementia praecox. In *Selected papers on psychoanalysis*. London: Hogarth, 1973.

Bion, W. R. 1956. Development of schizophrenic thought. *Int. J. Psycho-Anal.* 37:344–46.

Blum, H. 1973. The concept of the erotized transference. *J. Amer. Psychoanal. Assn.* 21:61–76.

Coen, S. J. 1981. Sexualization as a predominant mode of defense. *J. Amer. Psychoanal. Assn.* 29:893–920.

Etchegoyen, R. H. 1986. *Los fundamentos de la técnica psicoanalítica*. Buenos Aires: Amorrortu Ed.

Fenichel, O. 1945. *The psychoanalytic theory of neurosis*. New York: W. W. Norton.

Ferenczi, S. 1909. Introjection and transference. In *Sex in psychoanalysis*. New York: Basic, 1950.

Freud, S. 1914a. Remembering, repeating, and working-through (Further recommendations on the technique of psycho-analysis, II). *S.E.* 12.

———. 1914b. On narcissism: An introduction. *S.E.* 14.

———. 1915. Bemerkungen über die Übertragungsliebe. *Gesammelte Schriften* 6. Internationale Psychoanalytischer Verlag. Vienna: 1925.

———. 1920. Beyond the pleasure principle. *S.E.* 18.

———. 1921. Group psychology and the analysis of the ego. *S.E.* 18.

———. 1926. Inhibitions, symptoms and anxiety. *S.E.* 20.

———. (1940 [1938]) Splitting of the ego in the process of defence. *S.E.* 23.

Freud, S., and Jung, C. G. 1974. *Briefwechsel*. Frankfurt am Main: S. Fischer Verlag.

Freud, S., and Pfister, O. 1963. *Briefe, 1909–1939*. Frankfurt am Main: S. Fischer Verlag.

Gaddini, E. 1977. Note su alcuni fenomeni del processo analitico. In *Scritti, 1953–1985*. Milano: Raffaelo Cortina Ed., 1989.

———. 1982. Acting out in the psychoanalytic session. *Int. J. Psycho-Anal.* 63:57–64.

Gitelson, M. 1952. The emotional position of the analyst in the psychoanalytic situation. *Int. J. Psycho-Anal.* 33:1–10.

Goldberger, M., and Evans, D. 1985. On transference manifestations in male patients with female analysts. *Int. J. Psycho-Anal.* 66:295–309.

Green, A. 1973. *Le discours vivant: La conception psychanalytique de l'affect*. Paris: P.U.F.

———. 1990. *La folie privée: Psychanalyse des caslimites*. Chap. 4, Passions et destins des passions. Sur les rapports entre folie et psychose. Paris: NRF Gallimard.

Greenacre, P. 1966a. Problems on training analysis. *Psychoanal. Q.* 35:540–67.

———. 1966b. Problems of overidealization of the analyst and of analysis: Their manifestations in the transference and countertransference relationship. In *Psychoanalytic study of the child* 21:193–212.

Greenson, R. R. 1965. The working alliance and the transference neurosis. *Psychoanal. Q.* 34:155–81.

———. 1967. *The technique and practice of psychoanalysis*. Vol. 1. New York: International Universities Press.

Kernberg, O. 1975. *Borderline conditions and pathological narcissism*. New York: Jason Aronson.
Klein, M. 1952. The origins of transference. *Int. J. Psycho-Anal.* 33:433–38.
Lacan, J. 1973. *Le séminaire. Livre XI, Les quatre concepts fondamentaux de la psychanalyse, 1964*. Paris: Seuil.
———. 1991. *Le séminaire. Livre VIII, Le transfert, 1960–1961*. Paris: Seuil.
Lagache, D. 1951. Le problème du transfert. In *Le transfert et autres travaux psychanalytiques*. Paris: P.U.F., 1980.
Laplanche, J. 1987. *Problématiques V, Le baquet: Transcendance du transfert*. Paris: P.U.F.
Laplanche, J., and Pontalis, J.-B. 1967. *Vocabulaire de la psychanalyse*. Paris: P.U.F.
Lester, E. P. 1985. The female analyst and the erotized transference. *Int. J. Psycho-Anal.* 66:283–93.
Macalpine, I. 1950. The development of the transference. *Psychoanal. Q.* 19:501–39.
Mahler, M. 1979. *Selected papers*. New York: Jason Aronson.
Mahler, M., et al. 1975. *The psychological birth of the human infant*. New York: Basic.
Mannoni, O. 1982. L'amour du transfert et le réel. *Etudes Freudiennes* 19/20:7–14.
Person, E. S. 1988. *Dreams of love and fateful encounters. The power of romantic passion*. Chap. 10, Transference love and romantic love, 241–64. New York: W. W. Norton.
Rappaport, E. A. 1959. The first dream in an erotized transference. *Int. J. Psycho-Anal.* 40:240–45.
Rosenfeld, H. 1965. Notes on the psychopathology and psychoanalytic treatment of schizophrenia. Chap. 9 in *Psychotic states*. New York: International Universities Press. 1966.
———. 1964. An investigation into the need of neurotic and psychotic patients to act out during analysis. Chap. 12 in *Psychotic states*. New York. International Universities Press.
———. 1987. *Impasse and interpretation*. London: Tavistock.
Sandler, J., et al. 1969. Notes on some theoretical and clinical aspects of transference. *Int. J. Psycho-Anal.* 50:633–45.
Searles, H. F. 1965. *Collected papers on schizophrenia and related subjects*. New York: International Universities Press.
Segal, H. 1986. *The work of Hanna Segal: A Kleinian approach to clinical practice*. New York: Jason Aronson.
Spielrein, S. 1912. Die Destruktion als Ursache des Werdens. *Jb. Psychoan. Psychopath. Forsch.* 4:465–503.
Spitz, R. A. 1956. Transference: The analytical setting and its prototype. *Int. J. Psycho-Anal.* 37:380–85.
Stone, L. 1961. *The psychoanalytic situation*. New York: International Universities Press.
Torres de Beà, E. 1987. A contribution to the papers on transference by Eva Lester and Marianne Goldberger and Dorothy Evans. *Int. J. Psycho-Anal.* 68:63–67.
Winnicott, D. W. 1945. Primitive emotional development. *Int. J. Psycho-Anal.* 26:137–43.
———. 1956. On transference. *Int. J. Psycho-Anal.* 37:386–88.
Zetzel, E. 1956. Current concepts on transference. *Int. J. Psycho-Anal.* 37:369–76.

Amae 与移情之爱

土居健郎[1]（Takeo Doi）

既然这篇文章试着从 *amae* 的视角来讨论弗洛伊德的《移情之爱的观察》，那么首先我必须解释什么是 *amae*[2]。简单地说，*amae* 是个日语词，意指“尽情的依赖”（indulgent dependency），主要描述的是婴儿寻找妈妈时的感受。有趣的是，这个词也可以用来描述成人，即当那个人对某个情感上亲近的人也有类似的感受时。换句话说，*amae* 在孩童与成人身上可以是一个连续体。若是一个成人的话，他在反思时可能会承认也可能会不承认自己的 *amae*，这要视具体情况而定。

我们要牢记一点，*amae* 的感受本身是非语言的，它只能通过非语言的方式来传递和识别。因此，它并不是一种明显的情绪，而是一种静默的情绪（也许这就是为什么许多语言都无法处理到一个像 *amae* 这样的词）。不过在受挫的状态下，它可能会转变成一种欲望，然后形成许多情绪，譬如爱、羡慕、嫉妒、憎恨或怨恨。我不想在这里传递这样一个印象，即 *amae* 对日本人而言是个大家都熟知的日常用语。但是很有思想的日本人可以更容易地在许多情绪中识别 *amae* 的作用。此外，我的论点是，即使在一个没有这个概念的地方，人们还是可以凭直觉感知到类似的东西，以弄清

[1] 土居健郎是日本精神分析协会的培训分析师和培训督导师。他是东京圣卢克国际医院的一名顾问。

[2] 威兹德姆（Wisdom，1987a & 1987b）曾经评价使用 *amae* 来说明客体关系理论。想了解更多关于 *amae* 是如何成为亲密依赖关系的一个普遍的、非性欲化的驱力，参见土居健郎 1964 & 1973 & 1989 & 1992。想从跨文化角度了解更多关于尽情的依赖的发展心理学和精神分析理论，参见 Tohn Son，1992。

楚大脑是如何工作的。

弗洛伊德在《移情之爱的观察》开篇就提醒大家，进行精神分析的唯一的严重困难在于对移情的处理上。他引述了一个典型女性病人爱上分析师的案例。分析师在这样的状况下该如何做呢？回报她的爱是不可能的，因为这意味着要放弃两个人相互了解的最初目的。但如果那个女人坚持其对爱的需求呢？弗洛伊德警告我们，谴责她的热情不能解决任何问题。那么，分析师是否应该妥协以稍微回应一下她的温柔情感而又不进一步卷入呢？弗洛伊德不赞成这种做法，他说这违背了精神分析建立在诚实之上的精神，而且谁也不能保证他能在温情之中紧急煞车。他也让我们注意到一个事实，即情欲性移情成了一种呈现治疗阻抗的媒介。他得出以下结论：

> 因此，对分析而言，满足病人的爱的欲望就如同压抑它一样，都是灾难。这两者都不是分析师所追求的，这在真实生活中没有典范可循。他时刻提醒自己不要远离移情之爱，不要去驳斥它，也不要让病人觉得不愉快；但是他必须坚决地抵制任何对移情之爱的反应。他必须紧紧抓住移情之爱，但又要将其视为不真实的，视为一种不得不在治疗中经历的、需要回溯到其无意识源头的情境，此情境一定会协助她把所有深埋于情欲生活中的东西都带进她的意识之中，从而处于她的掌控之下。

读到这里，我们会以为这包含了弗洛伊德对这个主题的最终定论，但情况并非如此。有一段时间，他似乎很有兴趣证明病人所呈现出来的爱并不是真正的爱，因为它的功能是阻抗，且由较早期反应包括婴儿期的重复所构成。然后，我认为他似乎突然间逆转了那些观点，他说那并不是故事的全部。诚然，阻抗利用了病人的爱，但毕竟它并未创造出这样的爱。弗洛伊德质问有哪一种爱是没有婴儿期原型呢。因此，他宣称我们没有权利去驳斥移情之爱的真正性，虽然它可能没有正常情况下的爱那么自由。在建立起真正的移情之爱后，弗洛伊德回到了这样的事实：移情之爱是由分析情境所激发出来的。显然分析师在这样的状态下，就像在其他医疗情境中一样，是无权占病人便宜的。除此之外，病人的爱的脆弱性会驱使病人前来寻求分析帮助的疾病本质暴露出来。 因此，分析师应该帮助她去克服生命中的危机。 弗洛伊德以这个忠告作为论文的结论。

我希望我不会对这个问题的复杂性做出不公正的处理。 每当我读这篇文章时，都对弗洛伊德精彩的论述印象深刻。 他开头的论述是，进行精神分析治疗“唯一的严重困难”，就在于“移情的处理之上”。 他之后在文章中有无说明如何安全地处理这个问题？ 没有；如果有什么的话，那么他只是肯定了困难的存在。 当然，他有时候给人启发甚至鼓舞人心。 我不知道他是否会介意我用鼓舞人心（inspiring）这个词。 也许他不会，虽然他会反对励志（inspirational），因为他很清楚地知道他所讨论的正跨在道德范畴的边界之上，但他并不想让人以为他在进行道德说教。 但是，在文末，他确实做了如下的建议:“对医生而言，伦理的动机和技术的动机，均会限制他给予病人爱。” 在这句话之前，也就是文章的中间，他强调分析师要节制，因为“病人的需要与渴望……可以成为推动她接受治疗和做出改变的力量”，从中我们不禁读出了一个传递给分析师的双重含义。 事实上，接下来他又直截了当地加上这一句：“分析师越清楚地让病人看见他能抗拒每一个诱惑，就越能从情境中提炼出分析的内容。” 毋庸置疑，弗洛伊德反复讨论的这个问题非常重要，我希望我从 *amae* 引出的观点不会弱化了那些困难。

在此，我有三点想要讨论一下。 第一是移情之爱的现象学,“一个女性病人对她的精神分析师表现出毋庸置疑的爱意，或公开宣称她已爱上了正在分析她的精神分析师，就像其他正常的女性一样”。 我怀疑弗洛伊德是否真正了解女性病人单方面爱的宣称更有可能是因为精神分析的基本规则，它要求病人必须毫无保留地说出脑海里的东西。 弗洛伊德的确说过，这个宣称“是被分析情境所激发出来的”，但他真的是说这是被一个好的原因激发出来的吗？ 分析情境确实会培养一种类似儿童的心理状态。 那么，难道移情之爱不像是一个小孩不停地对妈妈说“我爱你” 吗？ 有趣的是，日本的小孩并不会对妈妈说“我爱你”，这是因为日语中并没有同等的表达，但我相信他们知道如何用非语言的 *amae* 彼此沟通。 因此，顺着这个思路，我们可以说西方社会中的小孩说的“我爱你”，就是代表着 *amae*。 那么，假设在西方成年人的移情之爱背后隐藏着 *amae* 的心理，难道这不是可能的吗？我相信这是一个相当合理的命题。

这个推论将我们导向了第二点，即如何处理移情之爱这个问题。我想可以把弗洛伊德对此的观点总结如下：病人对爱的需求不应该被回应，但它仍是值得尊重的，因为我们不能驳斥她爱的真正性。假设移情之爱的核心是 *amae*，如我之前所推测的那样，那么弗洛伊德对处理移情的告诫会有所改变吗？我想他不会。不过，我认为，意识到移情之爱是一种 *amae* 的表达，可能会使它对分析师没那么大的诱惑性或威胁性。那么对病人而言呢？这种理解能够传递给病人吗？我认为是可以的，实际上，也是应该的。但困难在于，这种理解无法以解释的方式传达给病人。因为如果有人用 *amae* 这个词来做解释，那可能会显得要么高人一等，要么甚至像是谴责别人，因为正如我在文章开头所说，*amae* 只能通过非语言的方式被意识到。当然，病人有可能会自己意识到那种解释，如果她碰巧是个日本人的话，但这是 *amae* 驱使她这么做的。或者她可能没使用 *amae* 这个词，但说出了大体上相同的东西。在这样的状况下，分析师能做的就只有同意她所说的，这无疑将会强化她的新洞见。但如果分析师或病人并不知道 *amae* 这个概念，就像对西方的临床情境而言，那么情形会如何呢？同样，我认为，在一个成功的分析中，病人会产生某种非常类似于 *amae* 的洞见，而且分析师也能承认它。为了证明这点，我要从一位美国分析师艾芙琳·阿尔布雷克特·施瓦伯（Evelyne Albrecht Schwaber）最近的工作中引用一个临床片段。下面的这段引自她最近的论文（Schwaber，1990:235）：

一位病人在一次会谈中不带感情地谈论了关于母亲、剥夺和诱惑回忆的很多事情。我保持沉默，他持续谈论。之后，他突然带着一种强烈的情感说："我有一种想要你抱我的感觉。""现在吗？"我问。"是的。"回想一下他说了一些关于母亲的事情，我问了一个问题："她抱过你吗？"他答道："基本上没有。"他心酸地说起，小时候他会在母亲睡着后走进她的卧房，只是看着她呼吸；有时候他会用双臂环抱着她……我好奇地问："是什么让你对我现在有这样的感觉？"他回答："一种空虚感"，但没有具体展开，他的联想又回到他妈妈和女朋友身上。在下一次会谈中，他谈到前一天他感觉到一种强烈的渴望，

想要从女友那儿得到一种温暖——一种对身体接触的痛苦渴望；他甚至在与女性同事开会时也会有这种感觉，希望他可以抱她们。他说到女友的坚决拒绝让他多么受伤，当他回家后想要一个更有爱意的回应时，她却看似疲倦且若有所思。我怀疑或许现在的治疗中发生了什么强化了这种受伤的感受？他回应道："有些东西困扰着我。当我说我想你拥抱我时，你就转向了我妈妈。我觉得你不舒服。之前我谈论我妈妈是有帮助的，但你把话题转向了她。你总是会指出我的这种做法，但现在你自己也这么做了。""喔！"我说，"所以你离开治疗时依旧渴望着一个拥抱，而这并没有得到满足。"他同意了。

我认为，很明显这个病人的移情之爱真的是一种 *amae* 的表现，虽然它有强烈的情欲成分。施瓦伯博士在会谈结束时已经隐约地意识到："所以你离开治疗时依旧渴望着一个拥抱，而这并没有得到满足。"而结尾的那句"他同意了"非常重要，这意味着他明白了她理解了他真正想要说的。这本身就足够了，因为他真正希望的并非是一个拥抱本身，而是在他的内心深处能被理解。

这篇文章还报告了另一个案例，一位女性病人，她几乎是来述说她对 *amae* 的愿望的。在移情中，她一而再地对施瓦伯博士所说的话或者没说的话感到愤怒。施瓦伯博士尝试在每次这样之后理解她的体验，但均以失败告终，因为那不能阻止下一次她创造出生气的场景。有一天，施瓦伯想到了一个主意，详见下面我引述的这段文字（Schwaber）。

之后我注意到一个以前我没有关注的元素。病人与人连结的方式会述说她曾经的经历，她没有给我提供明显的暗示，她在寻找一个对自己经历的特别回应，在我没有明确评论她事后才明说的关注点之后，她就会变得很愤怒。我跟她分享了我对此的观察，问她为什么只有在事后才能比较清楚地向我表达她的情感。她的回答是："我想我不说出来，你就可以了解我；如果你真的关心我，你就会知道的；如果我必须说出来，那感觉就像在乞讨。即使之后你了解了，那个感情已经不一样了。"

施瓦伯博士注意到，在这段之后，也就是她确认了病人承认自己有一个隐藏至今的愿望之后，病人的治疗取得了很大的进展，不再演出任何生气的场景了。我当然可以引述更多其他分析师的案例，但我相信这两个案例就已足够说明这一点了，所以让我讲继续讲最后一点吧。

这涉及前面引用的弗洛伊德的一个论述。他说病人对爱的渴求既不应被满足也不应压抑，分析师所追求的过程是全然不同的，之后他接着说："这在真实生活中没有典范可循。" 如果他这句话的意思只是说，没有人曾尝试以他的方法来处理移情，那么我是没有意见的。但是如果他的字面意思是说，在真实生活中没有模式符合他所推荐的过程的话，那么我就必须反对了。我想我反对的原因很明显，因为我几乎（但不是完全地）把移情之爱等同于 *amae* 了。无声地承认或否认 *amae*，在真实生活中很常见，不仅仅体现在照顾孩子身上，也发生在成人的生活里。事实上，我应该说，*amae* 是任何人际关系中的一个重要成分。因此，我忍不住怀疑，弗洛伊德认为他推荐的过程在真实生活中没有任何典范可循，部分原因可能是因为他不知道 *amae* 这个概念或类似的东西，至少是在他写这篇文章的那段时间。

现在是我最后的警告。即使这篇文章的论点是正确的，我们也不应该轻易解释 *amae* 这个词。*amae* 并非某种敞开的、每个人都看得见的东西。我们在每个个案里都必须深刻挖掘才能重新发现它，因此，弗洛伊德所认为的处理移情的困难，还会继续长久地伴随着我们，不管我们喜欢或不喜欢。

参考文献

Doi, T. 1964. Psychoanalytic therapy and "Western man": A Japanese view. *International Journal of Social Psychiatry* 1:13–18.

———. 1973. *The anatomy of dependence*. Tokyo: Kodansha International.

———. 1989. The concept of *amae* and its psychoanalytic implications. *Int. Rev. Psychoanal.* 16:349–54.

———. 1992. On the concept of *amae*. *Infant Mental Health Journal* 13:7–11.

Johnson, F. A. 1992. *Dependency and Japanese socialization: Psychoanalytic and anthropological investigations into amae*. New York: New York University Press.

Schwaber, E. A. 1990. Interpretation and the therapeutic action of psychoanalysis. *Int. J. Psycho-anal.* 71:229–40.

Wisdom, J. O. 1987a. The concept of *amae*. *Int. Rev. Psychoanal.* 14:263–64.

———. 1987b. Book review: *The anatomy of self*. *Int. Rev. Psychoanal.* 14:278–79.

移情之爱与婴儿期之爱中的行动与回忆

丹尼尔·N. 斯特恩[1]（Daniel N. Stern）

弗洛伊德提醒我们他写这篇文章有两个理由，而且其中一个理由比另一个更为急迫。更急迫的理由是“实践方面”，即如何从技术层面处理移情之爱。第二个、而且只能算是促成此文的“部分”理由，是因移情之爱所提出的“理论兴趣”。今天第二个理由也许反而成为了更急迫的那一个。精神分析在采纳和拓展弗洛伊德在这篇文章中所给予的技术建议方面已经走过漫长的历程。但在攻克某些具有“理论兴趣”的议题时则没有取得那么大的进展，尤其是关于移情之爱与正常之爱之间、回忆与行动之间、早期经验与分析情境中的移情行为之间的相互关联等议题。我在本文中将讨论这些议题。不过，我首先想说一些与第一个理由相关的东西，因为它给我们提供了理论方面的历史和知识背景。

首要的是，弗洛伊德面对的是其他的执业精神分析师。这里有一段无法回避的历史。早在弗洛伊德与布洛伊尔合作的精神分析之初，他就并非对移情之爱和反移情的议题完全不知。但是，过了很久他才提出来。这个潜在的爆炸性的议题在弗洛伊德最终写出这篇文章的那些年里甚至变得更为真实，当时他合理的继承者荣格（在那时候）爱上了他的病人，而且与她开展了一段关系。不久之后，费伦奇，弗洛伊德的朋友兼同事，也跟他的某个病人发生了同样的事情。这些对精神分析运动的影响并非微不足道。这篇文章的必要性非常明显，而且弗洛伊德也在书信中讨论了这种状况。有

---

[1] 丹尼尔·N. 斯特恩是哥伦比亚大学精神分析培训和研究中心的教员。他是日内瓦大学心理系的教授，也是康奈尔大学医学中心的精神病学兼职教授。

人认为这篇文章来得太迟了（Haynal，1989）。以临床与理论原理来看，这篇文章是一种强烈的主张与警告，当面对移情之爱时要避免反移情的危险。大众与医疗人员都是目标读者。让大众接受精神分析的政治目标，对弗洛伊德来说一直是个现实问题。在移情之爱和反移情对精神分析带来潜在的危机与损害后，这个“政治的”目标考量被放大了。这一点体现在弗洛伊德收尾的方式，他把处理移情之爱的推荐技术与完全正当的医疗实践进行了紧密的关联。我提及这些历史背景，是因为我们可以想象这些历史背景对所论述的主张可能产生的影响，或者至少提供某一种解读。

我想讨论的第一个议题是行动（付诸行动）与回忆这一核心概念。我会把它和过去与现在、移情之爱与正常之爱的议题放在一起考量。弗洛伊德在这篇文章中以发展的角度对行动与回忆做了区别。他把移情之爱的源头直接置于婴儿期，他谈到“婴儿期根源”和“婴儿期原型”。把源头置于婴儿期与弗洛伊德构建的个体发生学理论一致（Freud，1905），而且从他的发展观点来看，这不过是增加了一段成人经验而已。

但是，婴儿期之爱并非只是移情之爱的起源，它还提供了移情之爱的精确模型：移情之爱“完全是由早期反应的重复和翻版所组成的”，它“没有任何一个新特点”，它“复制了婴儿期的原型”，并且“重复了早期反应”。它是由“具旧特点的新版本”所构成的。而作为移情之爱对象的分析师，只是个“代理”而已。过去的（婴儿期的）爱与现在的（移情）爱之间的关系，是同构或忠诚的关系。

为什么弗洛伊德对这样的忠诚如此坚持呢？当考虑到基于过去的临床现象时，弗洛伊德非常仔细地探究了忠诚问题，并且指出在分析情境中浮现出来的被记起的现象，不是一个过往经历的复制品，甚至也不是之前被记起的早期现象的复制品。相反的，当下的版本是一种转化（“扭曲”），它是在对发展中的原始事件的反复建构与再建构的步骤中以及允许（再）建构在分析情境中浮现的最后转化步骤中所创造出来的。记忆从过去到现在已经走了很长一段旅程，而且作为最重要议题的忠诚已经消失不见，并被连续体与连贯所取代。所以，为什么弗洛伊德还要在此如此强调移情之爱的忠诚度呢？

答案就在弗洛伊德的行动化的概念当中，这是移情之爱的关键点。他将付诸行动（行动化）与记忆看做把过去带入现在的两种对立且相反的途径。付诸行动发生在行动的运动层面，记忆则是发生在心智化和语言化的“心理层面”。因此，付诸行动不会经历与记忆相同的一系列（再）建构的转化过程，而这在记忆过程中是不可避免的。作为一种动态的现象——从心理变异浓缩而成——它仍然保持着对其根源的忠诚。弗洛伊德绝对不会说，在治疗中所报告的某段记忆或某个梦，是原始生活经验的“精确复制”，“不带任何新特点”。相反，他说：“梦是扭曲的，并且已被记忆所毁损”（Freud，1900）。甚至，“正常之爱”也是一种转化的现象，远非一种复制。“在爱情的正常态度中，只有少数痕迹明显地背叛了被选择对象背后的母亲原型”（Freud，1910）。所以，严格的忠诚模型适用于付诸行动，却不适用于一般的记忆，也不适用于“正常之爱”。

弗洛伊德非常清楚：“如果病人的前进被回应了……这将是个极大的胜利……那些她应该只是需要回忆起来的、只是该以心理表象再现的、并且属于心理事件范畴的东西，她本可以成功地将其付诸行动，在真实生活中重复。”所以，在两种移情之爱中存在两种状态：一种状态是动作的表达（付诸行动），这里的行动在形式和内容上都是忠于根源的；另一种状态是心理的表达（恰当地包含在弗洛伊德的建议之中），粗略来说，这里可以预期的是不忠诚的梦或屏障记忆。

我强调这种差别的原因是，在这篇论文中的大半个篇幅，弗洛伊德没有明确地区分他在讨论移情之爱时究竟是把它看做付诸行动还是一种心理表达。在他评论早期之爱与移情之爱的关系时（忠诚性议题），当他写到一般的移情之爱时，他似乎真的将移情之爱在心里付诸行动了。这些令人困惑的情境可能有以下几个理由。首先，我们有理由推测弗洛伊德在这篇文章中对技术和政治层面的关注优于理论层面。而且，移情与反移情中的付诸行动才是这篇论文真正的论题。如果移情之爱（只是）被视为付诸行动，那么禁止反移情的告诫（建议）就变得更有力，且更容易被认为是正当的。

对这篇文章做更深层次的探索和解读时会发现一些困惑。弗洛伊德提出，只要涉及爱，就没有行动与非行动状态之间的差异。爱总是要付诸行动的。他在几个地方强调了移情之爱中感觉和欲望的“即时性”特点。确实，我们在临床上经常会有这样的印象，移情之爱经常处于被付诸行动和成为“心理事件”两种状态之间，而且总是向付诸行动的方向推进。并且，要确定这既定的表达目前处于这两个状态中的哪一种也不是一件易事。甚至，就算只是用语言来表达，也无法清晰地区分。举个例子，以前从未有过这样的说法，“我爱你”可以被视为一种存在于心理层面的事实的宣言，或者被视为（和当作）某种形式的行动（在语言行为的理论里），当说这句话时，它是一种爱的行动的表述，表述行为在语言行为里是用来描述某种可以用语言来执行的动作的，如“我把这艘船命名为密苏里战舰”，或者“我宣布第十七届冬季奥林匹克运动会开幕”（Searle，1969）。这些是伪装在心理表达之下的行动。

现在，摆在我们面前的是几个有“理论兴趣”的重要议题。爱存在于一种非行动的状态中吗？在爱当中，动作表达与心理表达的界限在哪里？它们有不同的发展历程和不同的能量特点吗？不同之处又在哪里？

在回答这些问题之前，我们可以把这些问题留在脑海中，先来看看爱的发展史，这是移情之爱形成的基础。

当弗洛伊德在写移情之爱婴儿期的史前史时，他脑海中在想什么呢？在这篇文章中，弗洛伊德主要聚焦在“性爱”上。这有几个原因。首先，一个直接的原因是，性爱代表了一种对病人、分析师和精神分析运动而言的紧迫危机，使得移情与反移情的付诸行动成为可能。第二，弗洛伊德对俄狄浦斯阶段的工作和成就所促成的爱的形式产生了浓厚的兴趣。最后，正如几位学者（e. g.，Cooper，1991）所指出的那样，弗洛伊德倾向于把爱当作一种基本的给予、一种“基础的现象”、某种“无可争议的”东西、一种核心的情绪状态。虽然他在这方面确实探究了客体选择、强度、升华以及其他情况之间的心理差异，但是他没有走得更远以揭开这些核心情绪状态的面纱。当他指出性爱对喜爱与性的贡献时，当他提到不同性心理发育阶段的一些贡献时，他也存在着同样的问题。解剖爱，或者相反的，从无到有地拼接爱的本质，在弗洛伊德看来，不是一件必须要做（也不是一定要理解）的事。不过，在这篇文章里，他给别人留下空间去做这件事。事实上，他督促我们去做这方面的探究，因为移情之爱中出现的所有事情，都曾经存在于婴儿期之爱中。了解到这种婴儿期之爱的本质非常重要。弗洛伊德给我们提供了一个范围很广的工作清单：

- “她的爱的所有先决条件” [在弗洛伊德的文章《爱情心理学》(Freud，1910）中，他提到“爱的条件”——例如，“爱上一位妓女”或者“需要一个受伤的第三方”。我假定他说的先决条件指的是日后会演变成“爱的条件”的早期版本。]
- “源自她的性欲望的所有幻想”
- “她在恋爱状态中的所有详细特质”
- “病人的婴儿期的‘客体’选择”

然后，让我们来看看婴儿期之爱，我们可以参照一些从婴儿观察中所获得的最新知识与视角，但同时要牢记，我们对其发展之所以有兴趣是因为它能说明移情之爱和与其相关的一些议题。

爱的表达开始之早让人震惊。儿童在四五个月时就开始和学会了表达喜欢之爱最基本的身体语言。比较婴儿和成人的爱的动态行为就可以说明这一点。当一个成年人坠入爱河时我们可以发现他会有一些明显的行为，这些行为包括彼此深深地凝视而不说话；保持很亲密的距离，脸颊近在咫尺，身体某些部分总是碰触在一起；声音的模式有所改变；动作一致；有一些特别的姿势，譬如亲吻、拥抱、抚摸、捧着对方的脸和握住对方的手。我们在婴儿与母亲或者其他主要照料者之间看到了这一系列相同的行为。

大约从两个半月大时，婴儿开始了相互凝视，他们（与他们的母亲）会花数十秒，甚至 1 分钟或更久的时间，停驻于安静的相互凝视中。婴儿看其他物体时并不会这么做。长久的相互凝视而不言语，这在成人生活中是很罕见的状况。如果两个成年人互相看着对方的眼睛而不说话超过大约 5 秒钟的时间，那么他们要么是打起来要么是示爱。父母与婴儿之间以及恋人之间那种交互凝视的使用，构成了一个独立的语域。

相似地，父母与婴儿，就像成人的恋人之间那样，会使用一种个人空间的独立语域。在每一种文化中，两个成人之间必须保持的距离是相对固定的。只有亲密的人、恋人和婴儿可以突破这样的距离。事实上，母亲与婴儿亲近的大多数时候，他们之间亲近的距离是与文化规范的不符的，就像恋人之间那样。

语言也拥有其独特的语域。当父母与婴儿说话时，有时候恋人们彼此交谈时，他们都违反了语言规范。他们重视音乐超过歌词，他们会使用“儿童的语言”，他们很依赖一系列非言语的发声法，而且他们还会改变既定字的发音。同样，不同的面部表情也有一个显著不同的语域。恋人以及父母与婴儿之间，在面部表情和发声的表达上有平行式的改变、打破和夸张。

恋人间倾向于以同时靠近对方或同时撤离对方的舞蹈模式同步移动，父母与婴儿间的互动也呈现出相同的交互模式。这些模式在很大程度可以让我们在几秒钟之内注意到爱人的状态。

我们还可以在恋人之间看到很多婴儿很早就发展出来的、特别的姿势和动作。亲吻通常在两岁之前就学会了，而拥抱则学会得更早。同时，孩子喜欢抚摸和抱着父母的脸。当躺在父母怀中或靠着父母时，两岁前的孩子经常把骨盆的推进当作是情感波动的一部分。而撒娇的精细表达在俄狄浦斯期开始之前就可以看到了[1]。

在一个特殊的语域中，所有这些变化并不仅仅是喜爱的形式或配置。热情——涉及兴奋的时间流、戏剧化的高潮以及激活的消退——参与其中。在这些特别的语域中，相关元素的时间游戏创造出了“悸动”的色彩。我们在这里所讲的并非只是平静的、安详的爱。在这里，感官享受不等同于“非特异性的兴奋”。不过，终有一天充斥着肉欲（性的）内容的兴奋外层正在建立。

爱的身体语言的源头不仅是早期和前语言期，而且语言本身就是一种行为。每个家庭可能会塑造出不同的爱的行为，这些差异体现在时间、强

[1] 更多亲子之间非言语的爱的语言，请参见 Stern，1977。更多关于成年恋人之间的平行行为，请参见 Person，1988。

度、频率以及诱发条件上。换言之，最基本的爱的身体语言，即情感的身体表达方式，也是因人而异的，就像客体所选之人也是因人而异一样。偏好、容忍的范围、允许与不被允许的强度以及特定动作的持续程度，所有这些都是爱的“化学”成分，可能会在“客体选择”的伪装下列队游行。这种基本语言难道不是“她在恋爱状态中的详细特质”的一部分吗？难道不是爱的“先决条件”的某种形式吗？

这些考量引出了另一个问题。婴儿在第一个年头是爱上了他们的父母，还是在某种程度上无声地陷入一种更为稳定的恋爱状态中呢？或者他们其实一点也不相爱呢？我们需要通过性欲的涌流（被压抑的、升华的或尚未发展出来的）来坠入爱河吗？这个问题的重要性在于，陷入恋爱的体验，就其强度和即时性而言，究竟是不是一种早期体验呢？毕竟，弗洛伊德所描述的移情之爱中较为猛烈和急切的部分是与坠入爱河最贴近的。那么它们有婴儿期的前身吗？我对婴儿的解读是，他们确实坠入爱河了，而且随着他们的发育，他们拥有了可以再次坠入爱河或爱得更深的能力，他们可以多次坠入爱河。形式大致上建立起来了，新的内容可以不断地添加进来。

现在，让我们从明显的行为转向内心的体验，因为爱总体上是一种心理状态。在快一岁的时候，婴儿发展出主体间性（intersubjectivity）的能力，这意味着一种能意识到自己拥有与他人分离开来且不同的主观体验的能力。起初，这些体验包括一组有限但很重要的心智状态，比如注意力的焦点、意图和情感（见 Stern，1985）。一些发展心理学家说，婴儿随后发现了一种哲学家们称为“分离心理的理论”。这种主体间性的跳跃一旦完成，心理的亲密以及身体亲密的可能性就可以实现了。现在心理状态可以被分享了，而且如果它们没被分享，婴儿也已经找到了把两种心理排列起来的方法。主观上可以分享的内在世界正在被发掘，这在某一天会形成一种思考或表达的能力：“我知道你知道我知道……”或者“我觉得你会觉得我觉得……”，这就是，那些坠入爱河之中的人在相互发现的过程中所采取和调整的途径。主体间性和其所造成的心理亲密，一旦形成了，就会变成一种被渴望的状态、一种吸引力、一种对每个个体而言或多或少的重要推力。它是爱的显著特点。

在这篇文章里，弗洛伊德追溯到婴儿期的“爱的所有先决条件”。心理亲密或者主体间性的共享，是一个重要的先决条件。同时，它也可以在分析情境中得到极大缓解。分析师的共情性理解保证了这一点。这样的话，病人过去的主体间性体验就变得很重要了。父母应该分享那些可能的和实际的主体性经历吗？以什么样的强度呢？哪些应该有所保留？诸如此类。爱的主体间性的先决条件起源于生命早期，因人而异，这些都将会反映在移情之爱的特点里。再次强调，重新建构的起点在于非语言期和前俄狄浦斯期。主体间关系的本质，可能同时界定了“爱的条件”，举例来说，爱上一个在主体间性上不可用、不透明或者透明的人。

接近两岁时，孩子拥有了第三个能发展成先决条件和坠入爱河方式的新能力：分享意义。在有了言语能力之后（事实上这是言语习得过程的一部分），父母与孩子必须协商意义。在这个过程中，一直搞不清楚的是，语词是本来就“确实”存在，是父母赋予了孩子，还是孩子发现了它，还是只有当婴儿已经具有了与它相关的观念或情感时它才能被发现或使用——它是同时被给予和发现的。这个过程发生在温尼科特所称的过渡性空间里，那里有着创造世界的悸动和奇迹。这正是成年恋人们必须做的。他们自己互相定义了许多常用词汇、代码和观念意义。在这么做的时候，他们能够就构成其日常生活的事件达成一种共享的意义（见 Person，1988）。这非常类似于病人与分析师之间的状况，他们对那些在治疗中出现的先前未被命名的或未知的或被压抑的体验，必须相互协商如何命名和赋予意义。这种协商意义的风格（即双方需要有一个共同的体验程度，或者双方需要在某些可以模糊的地方达成一定的共识），可以变成“爱的条件”。再次强调，坠入爱河与处于恋爱的一个特点在于它有一个非常早期的根源。

爱体验的另一种定义是，对某一个特定之人的排他性聚焦和对其存在的专注。这也可以在婴儿期预见到。在婴儿的第一年，他将亲密、安全感和依恋的感觉渐渐地聚焦到一个单独的照料者身上。这个聚焦的过程在其9～12个月大的时候已经非常清楚。而且，婴儿对主要依恋对象（就像爱人者与被爱者那样）的存在和潜在缺失表现出一种专注。所以，缩小到对某一个具体对象的体验也是婴儿早期的过程和体验。同样，在模仿和认同过程中存在的部分界限渗透体验，在生命早期就已经十分明显。

总之，坠入爱河和处于恋爱之中的经验在发育早期就有着丰富的历史。在这个范畴里的进一步探索让我们发现，婴儿期的“根源” 与“原型” 包含的远不只是严格意义上所说的客体选择。 它们至少还包括：爱的身体语言的独特性、主体间分享的广度与深度、彼此创造意义的方式和需要去协商共享意义的强度、被选择客体的唯一程度，以及恋爱过程中的时间和强度动力学。

为了本文的宗旨，我们需要注意，这些“先决条件”与原型大部分均在记忆中被储存为动作记忆、程序知识（相对于象征知识)、感官动觉图式(相对于概念图式)，以及情境式事件（相对于语义事件)。 因此，它们无法被轻易或直接地转化到观念的心理领域。

在这种爱的早期历史中，我们可以再次思考一下移情之爱中的事件状态。 我们可以通过几个小问题来回答这个问题。 这是饱受移情之爱痛苦的病人看待分析师的方式吗（一日不见如隔三秋；捧在手心里怕化了；还是与此相反，压抑的行为)？或者她改变并软化了她的声音，这就是所谓的行动化？这些是心理状态的动态表达，而且这可能经常是无意识的。 就技术而言，它们总体上是被允许的（有一定程度的限制)，这样分析过程才可以建立起来。 从技术的角度来看，这也许是明智的，但在理论上而言是付诸行动，但尚且在一个“可接受的”范围内。

与此相似的是，病人的欲望和与分析师建立起主体间性的分享（这当然会深化分析工作和工作同盟)，可能主要也是为了（再）创造出爱的“条件”。 更有甚者，这个（再）创造是在辅助语言的语境中完成的，也就是说，在与分析师完成并保持某种心理亲密的合奏中，内容（想法、记忆等）与行为的实用行动功能相比是次要的。 这几乎适用于所有的意义协商。 在那些情境中，行动是作为“心理素材” 展现的，而且达到了一种言语行为即行为的程度，这就是在付诸行动。

所以，付诸行动似乎也有一个从“弱” 到“强” 的连续体。 坠入爱河或者处于恋爱（不论是在治疗中或之外）的本质保证了一系列不同程度的付诸行动，否则就说明这个人不处于恋爱之中。

这里存在一个争论，即一个人可以在不让别人知道的情况处于恋爱之中。这是浪漫小说、真实生活以及移情之爱的桥段。但是即使在这些情境中，“行动”不是也不可能完全是指向心理活动的。它的动态表达是与那些与其竞争的动态表达和积极的动态抑制相互抗争的。因此，一部分的表达总是保持在动态行为的范围内，直到这个人不再爱了为止。事实上，对抗与抑制的动态行动放大了情感状态，是情感状态的某种极致化。

和弗洛伊德提出节制建议的 1915 年相比，现在的精神分析师在处理移情之爱时对节制的接受度已经减弱。许多人辩称，某种程度的反移情之爱是必要和可以期许的，可以优化治疗结果。在反移情的接受和使用问题上一直存在着很大的争议。所以，技术问题被转变成了哪种剂量的付诸行动“太强烈”了？不过，在理论的背景中，付诸行动就是付诸行动。它关心的是表达的方式，行动的“强度”并不会改变它们的理论地位。

就此而言，在移情之爱的情境中是否存在移情与付诸行动之间的理论界线，这并不清楚。而且，即使是“技术上”界定的边界线也是相对的。事实上，移情-反移情的付诸行动是否在技术上“走得太远”，总体上取决于当时占优势的社会习俗，它决定了什么是可以接受的，在什么情况下会发生不可逆转的变化，最后的结果是先前的一种人际关系状态再也不可能恢复了。这种界限点只是一个次要的、琐碎的“技术”标签。它在“技术上”能发挥作用是因为我们具有同样的社会、文化、法律约束，而不是因为那些与精神分析情境或过程相关的理论。

这些考量及其他的一些因素促使拉普朗什与彭塔利斯（Laplanche & Pontalis，1988：5-6）得出如下结论：

> （当）弗洛伊德甚至把对分析师的移情都描述成一种付诸行动的方式时，他既没有清楚地区分，也没有呈现移情中的重复现象和付诸行动的表现形式之间的交互连结……精神分析的主要任务之一就是要落实移情与付诸行动区分的标准，而不仅仅是做出技术层面的规范。

这里还有一个更普遍的问题。为什么弗洛伊德和之后的精神分析一直认为行动（动作表达）是与回忆或思考相对立的，翻译成技术术语就是，“把任何病人想在行动中发泄的冲动转化成为回忆的工作”（Freud，1914）就成了分析师的任务。

临床经验充分表明，作为一种阻抗形式的付诸行动可以让思考和回忆短路，但两者之间通常不是隔离和对立的。因为没有区分出弗洛伊德很清楚的不同种类的行动，精神分析夸大了行动和回忆之间的区别。这有待于我们对思考-回忆与不同类别行动之间的关系进行更完整的探究。

在《计划》（*Project*，1895）一文中，弗洛伊德定义了一些“特定的行动”（比如性高潮），它们与一个特定的客体完成了特定的目标并得到了适当的发泄与满足。对于这类行动，我们会本能地以为它绕过了“心理范畴”。从理论上来说，这种绕过也是合理的，因为这些行为是受遗传决定的，既不需要思考，也不需要回忆来确认或引导它们的重复。基因取代了记忆。行动与心智化甚至不是对立的。从行动层面到心理层面，没有出现可能的竞争和真实的蜕变。

还有另外一组行动，它们是比较具有“象征性”的，而且可以在“心理”范围与行动范围之间来回变动。当然，转换（conversion）作为一种症状，也属于这个分类。它最初是把一个想法转变成一种身体形式的表达，之后这种运动表达可以通过治疗被“重新转化……进入心理领域”（Freud，1894）。确实，弗洛伊德在这篇文章中把付诸行动和回忆放到同样的位置来考量。如果可以用恰当的技术来预防付诸行动的话，那么被压抑的原始事件（早期之爱）就可以被再次导入回忆当中并在精神分析中得以处理。事实上，弗洛伊德写到，好像移情之爱的技术问题主要关注的就是这类行动。当我们回顾了爱的个体发生史时，情况却并非如此。那我们必须参考第三类别的行动。

第三类别的行动是由行为和它们的动态记忆构成的，在此“心理范围”的转进和转出不是那么确定和清楚。这种分类包括了绝大部分的前语言期经验和许多非语言经验，这些是与精神动力相关的生活事件网络的组成部分。它还包含了许多前面所描述的爱的最早的“条件”与原型。对于这些动作现象而言，与回忆之间的关系是完全不同的。在这里，通往回忆最宽广、最直接的（有时候也是唯一的）途径，就在于动态行为的执行上。因此，技术建议必须有所不同。分析必须允许这些行为模式的行动化。这乍听起来与弗洛伊德的原则建议背道而驰。然而，事实证明，这并未给弗洛伊德的论点造成大的技术问题或大灾难，因为这些动作记忆栖居在明显的行为里，而这些行为就属于前面讨论过的“可接受”的行动（付诸行动）范围（比如，病人如何注视分析师然后转开视线的、在躺椅上躺下时的特殊姿势或位置序列等）。所以，这里没有技术的问题，只有一个理论的问题：行动进入心理领域的一种合法的和可以被期许的途径❶。

最近，我们已经把在精神分析里所提取并使用的大部分记忆视为一种自传的或情景式的记忆——一种在特定的时间和物理环境中特定的主体体验（Tulving，1972）。这些记忆由所有过去事件的各种属性组成：感情、动机、思想、知觉、感觉与动态行为。从这种观点看来，行动是一个更大的记忆单位（过去的主观事件）的一种参与属性。每一种属性（包括行动）都通过连结的网络和其他属性联系在一起，而且其中任何一个属性被再次体验时，都可以成为一个提取的线索，从而回忆起整个过去的事件和它的所有原始属性。特定的动作，以及一种味道、一种颜色、一个念头等，都可以激发回忆。一个被付诸行动的愿望，也可以经由动作记忆的路径激发起其他的记忆。

那么，这就需要重新考虑行动与回忆的区分了，除非行动服务于阻抗（或者成为一个症状）。我们已经从一个一般性的论述缩小到一个不那么宽泛的结论了。弗洛伊德明确陈述过移情之爱总是牵涉到阻抗的。那么，是阻抗的作用而非心理功能的本质让行动阻碍了回忆吗？如果是这样的话，那么我们的战场就必须从研究付诸行动对记忆的影响转移到研究阻抗对记忆的影响上了。我们需要一套更全面的标准来区分作为阻抗的一种特别子集的付诸行动。或者换个说法，行动与思考和回忆之间的关系在阻抗中跟在其他情况中是不同的吗？

---

❶ 在这里，对比运动活动中的能量释放和心理行为中的能量消耗，这种经济学的假设对这些问题没有什么帮助。认为运动活动消耗或耗尽心理过程的系统，只是行动层面和心理层面之间对立的基本假设的另一种表达方式。

弗洛伊德给我们留下了一系列重要的问题，那些问题在 1915 年引起了他的兴趣，今天仍激励着精神分析师们。移情中的重复（或者回忆）和经由付诸行动重复，两者之间的基本差异是什么？行动与实现之间的界线在哪里？在技术层面和理论层面，动作记忆与其他形式记忆的关系是什么？有多少爱的“条件”与“特质”是存在于婴儿期的？如果所有的都存在于婴儿期，那么它们又是如何存储在记忆中的？是阻抗（或症状的形成）让行动变成了思想的敌人，还是心理系统就是这样建构的？就其本质而言，爱是不是既要用行动表现出来也需要有心理上的体验？或许最重要的是，在弗洛伊德的这篇文章中，理论与技术是从哪里又是如何分道扬镳的，原因又是什么？

参考文献

Cooper, A. M. 1991. Love in clinical psychoanalysis: Masochism, voyeurism and tender love. Paper presented at the Italian Philosophical Institute, Naples, November 1991.

Freud, S. 1894. The neuro-psychoses of defense. *S.E.* 3.

———. 1895. Project for a scientific psychology. *S.E.* 1.

———. 1900. *The interpretation of dreams* *S.E.* 4–5.

———. 1905. Three essays on the theory of sexuality. *S.E.* 7.

———. 1910. A special type of object choice made by men. *S.E.* 11.

———. 1914. Remembering, repeating and working-through (Further recommendations on the technique of psycho-analysis). *S.E.* 12.

Haynal, A. 1989 [1988]. *Controversies in psychoanalytical method: From Freud and Ferenczi to Michael Balint*. New York: New York University Press.

Laplanche, J., and Pontalis, J. B. 1988. *The language of psychoanalysis*. London: Karnac Books and the Institute of Psychoanalysis.

Person, E. S. 1988. *Dreams of love and fateful encounters: The power of romantic passion*. New York: W. W. Norton.

Searle, J. R. 1969. *Speech acts: An essay in the philosophy of language*. New York: Cambridge University Press.

Stern, D. N. 1977. *The first relationship: Infant and mother*. Cambridge, Mass.: Harvard University Press.

———. 1985. *The interpersonal world of the infant*. New York: Basic.

Tulving, E. 1972. Episodic and semantic memory. In *Organization of memory*, ed. E. Tulving and W. Donaldson. New York: Academic.

专业名词英中文对照表

abstinence	节制
cathartic treatment	宣泄疗法
corrective emotional experience	矫正性情绪体验
countertransference	反移情
direct transference	直接移情
ego	自我
ego psychology	自我心理学
erotic transference	情欲性移情
erotized transference	情欲化移情
Gradiva	格拉迪瓦
gratification	满足
hyterical childbirth	癔症性妊娠
Id	本我
indifference	冷淡
infantile prototypes	婴儿期原型
infantile reactions	婴儿期反应
interpretation	解释
intersubjectivity	主体间性
libido	力比多
love transference	爱之移情
meraposition	元位置
motor memory	运动记忆
mutative transference Interpretation	变异性移情解释
negative therapeutic reaction	负性治疗反应
negative transference	负性移情
neutrality	中立
Oedipus complex	俄狄浦斯情结
oedipal tragedy	俄狄浦斯悲剧
one-person psychology	一人心理学
original object of childhood	童年原初客体

phantom pregnancy	幻孕
positive transference	正性移情
principle of abstinence	节制原则
projective identification	投射性认同
psychosexuality	心理性欲
reality	现实
regression	退行
repetition	重复
semantic field	语义场
structural theory	结构理论
superego	超我
talking cure	谈话治疗
therapeutic alliance	治疗联盟
topographic theory	地形理论
transference analysis	移情分析
transference love	移情之爱
transference neurosis	移情神经症
transference reaction	移情反应
specularization	反射性
two-person psychology	二人心理学
unobjectionable positive transference	无可争议的正性移情
virtual reality	虚拟现实
virtuality	虚拟
working alliance	工作同盟